这个象宝宝的体重约有 180 千克，在达到它的妈妈的体重之前，它还需要继续努力长大

在非洲肯尼亚的马赛马拉国家公园里，一只雌狮和它的孩子依偎在一起

非洲野生动物大追踪

[美] 德雷克 · 朱伯特　贝弗利 · 朱伯特　著
郭晓雯　康佳妮　译

青岛出版集团 | 青岛出版社

目录

非洲岩蟒

第五章
揭开动物的神秘面纱

第六章
动物的祖先

火蝾螈

第七章
超级生物

第八章
拯救物种

河马

序言

德雷克·朱伯特和贝弗利·朱伯特不仅是全球公认的动物保护者，还是获过奖的电影制片人和常驻非洲博茨瓦纳的美国国家地理学会探险家。在保护大型野生动物方面，他们夫妇投入了超过35年的时间。

朱伯特夫妇已经出版了12本书，为美国国家地理学会制作了36部电影，还为美国《国家地理》杂志撰写过许多篇文章。贝弗利还是美国《国家地理》杂志的著名摄影师。

他们奋斗的目标是保护非洲的野生环境，保护生活在这片土地上的动物。

当我们近距离接触大象，向它们学习的时候，会感到非常快乐。它们很敏感，非常重视自己的家庭

我们永远不会忘记与非洲最雄伟的动物之一——狮子第一次相遇时的景象。

对德雷克来说，狮子的吼叫声曾给他留下极为深刻的印象。在他 6 岁时，他发现这种声音虽可怕，但却令人着迷。这声音甚至能把车门震得嘎嘎作响。德雷克觉得它穿透了自己的身体和外面漆黑的世界。不知是出于敬畏还是恐惧，他感觉周遭都因此安静了下来。后来有一天，他见到了狮子捕猎的场景。那一天就这样改变了他的一生。

我也有过类似的经历。我和家人曾偶然发现，在保护区一所废弃的房子里生活着一群狮子。我拿起摄像机，记录下所看到的一切。从那时起，一个摄影师诞生了。

我们彼此的道路注定是要相交的。了解、研究和拍摄非洲标志性动物似乎是我们的使命，至今，我们已为此付出了超过 35 年的时间。这项工作令我们着迷的一个原因是，很多动物可以在瞬间转身并吃掉我们。

但这项工作的吸引力不仅如此。通过观察大猩猩或大象，你就会知道我们并不孤单。盯着狮子或美洲豹的眼睛看，你能感觉到它们有会思考的大脑，是有感情的生物。它们能用锋利的牙齿撕裂食物，也能轻轻叼起只有一天大的宝宝，而不会伤害它分毫。

这些动物让我们明白了很多道理。它们向我们表明，每样东西和每个人都有自己的位置。它们使这个美丽的星球变得完整。与这些动物在一起的瞬间是神奇的、令人感动的，且具有教育意义的。我们希望你也能在本书中获得同样的感受。

——贝弗利 · 朱伯特

正值旱季，在非洲博茨瓦纳的乔贝国家公园中，狮子、大象和鸟儿共享一个水坑

第一章

一起去旅行

你准备好抓住这个千载难逢的机会了吗？快带上你的装备，我们要去冒险了！在这趟旅行中，你可以在自然环境中观察动物。

非洲是数以千计的神奇物种的家园，许多游客前往非洲是为了一睹非洲著名大型哺乳动物的风采。这些动物中的大多数，在地球上的其他地方是看不到的。

在本章中，我们将观察一些非凡的哺乳动物。当旅程结束时，你会知道它们爱吃什么、怎么生活，以及是什么让它们如此与众不同。你还在等什么？快和我们一起出发吧！

一起去旅行

大象

大象的一切都很大，单是象鼻就有100多千克。太惊人了！

大象远不止体形大那么简单。这种体形庞大的哺乳动物还因出色的记忆力、完美的合作方式和能与同类亲密相处而著称。当象群中的一个成员受伤或被困时，其他大象会一起帮忙。这种聪明的动物似乎也能认出多年未见的同类。妈妈和孩子之间的联系非常紧密，甚至9岁大的小象也会花大量时间待在妈妈身边。

象群中的成员

对大象来说，家庭排在第一位。象是“母系社会”，象群通常由雌象、雄性亚成体和幼象组成。一般来说，年纪最大的雌象就是“首领”，会在所有行动中领导大家。当象群面临危险时，大象会聚集在首领周围，把小象夹在中间。如果一个象群变得过于庞大，就会分成多个更小的群体，但是新的象群仍然和原来的象群保持着密切联系。雄象到了12岁左右会离开妈妈，要么去和其他雄象会合，要么选择单独行动。

小象出生后几个小时就能站起来。

一头小亚洲象正从妈妈嘴里取食物吃

三种大家伙

非洲草原象是体形最大的一种象。非洲草原象是生活在非洲的两种大象之一，另一种是非洲森林象，它们的耳朵比非洲草原象的更圆，象牙也更直。第三种大象生活在亚洲，这种大象只有雄性才会长出外露的长牙。非洲的两种大象无论是雄性还是雌性，都露出象牙。

多功能象鼻

鼻子是大象的工具。大象能通过鼻子举起重达 250 千克的物体，也可以用鼻子从树上摘果子吃。

呼吸： 大象的鼻孔位于鼻子末端。大象大部分的呼吸是通过鼻子，而不是通过嘴巴进行的。

闻味： 大象鼻子上有很多嗅觉接收器，它们可以嗅出数百米之外的植物的气味。

吃饭： 大象使用鼻子就像人类使用手一样。大象能用鼻子把食物放进嘴里。大象还会用鼻子从地上拔草，也会用鼻子从高大的树上采摘树叶和水果。

喝水： 一头极度口渴的大象一次能喝约 98 升的水。它先把水吸进鼻子里，然后用鼻子把水送到嘴里，如此反复。

降温： 象鼻就像一个淋浴头，大象通过象鼻将水喷到身体上，以此保持身体凉爽。有时，大象喜欢把泥土浇到身上，这样既可以防虫，也能够防晒。

打招呼： 当两头大象见面时，会把鼻子交织在一起（有时会这样）。据说这是它们“握手”的方式。

一头非洲象用鼻子从树上扯下叶子

斑马

斑马的**牙齿**会**一直生长**。

细纹斑马

什么动物黑白相间、全身布满条纹？当然是斑马了！这种醒目的动物原产于非洲。斑马隶属于马科，有独特的消化系统，需要不停地吃东西。当斑马低头吃草时，警觉性变得较低，很容易被捕食者盯上——好在斑马是一流的“奔跑者”，它们那强壮又结实的腿简直就是为了长距离奔跑而生的。

当斑马不活动时，会仔细打理那一身黑白相间的皮毛。它们会把身体靠在岩石或树上来回摩擦，或是在灰尘堆里打滚儿，这样有助于去除身上的死皮和虫子。

斑马是社会性动物，会集群活动。它们如何在一个群体中“分组”取决于它们的种类。

细纹斑马

如何分辨：细纹斑马是斑马中体形最大的种类，长着长长的脸和又大又圆的耳朵。

生活在哪里：相较于其他斑马，细纹斑马对水的要求不高，因此可以生活在炎热、干燥的半荒漠地区。大多数细纹斑马生活在非洲的肯尼亚。

山斑马

如何分辨： 山斑马有较长的耳朵，脖子上有一块松弛的皮肤。山斑马的鼻子周围还有一点儿橙褐色的毛，后肢上有几条粗大的横条纹。

生活在哪里： 山斑马喜欢在多山地带活动。

漫长的旅行

非洲博茨瓦纳的一群普通斑马每年都要迁徙到一个盐沼，旅程往返要400多千米。

当科学家弄清这条路线时，被震惊了。他们还注意到，这群斑马在去往盐沼的路上直接略过了其他类似的区域。为什么这些动物会略过那些区域，选择更遥远的终点呢？可能是它们的祖先走的就是这条路，而这群斑马正在延续这个传统。

普通斑马

如何分辨： 普通斑马的脖子比其他斑马的短。有的普通斑马全身被条纹覆盖，有的普通斑马的臀部和腿部是纯白色的。

生活在哪里： 这种斑马需要大量的水，因此大多生活在撒哈拉以南的草原和林地，那里有足够的饮用水。

一起去旅行

犀牛

犀牛有着尖尖的角、巨大的脑袋，厚厚的皮肤上有很多褶皱，看上去就像史前生物。事实上，犀牛确实是地球上最古老的哺乳动物之一。数千万年前，地球上有许多种犀牛，而现在，地球上只剩下 6 种犀牛，其中 3 种——北白犀、南白犀和黑犀分布在非洲。

那么多史前哺乳动物灭绝了，犀牛是如何生存下来的呢？原因可能在于它们能吃下其他动物不能吃的植物。犀牛的消化系统可以处理一些其他动物吃下会中毒的植物，而且巨大的臼齿能帮助犀牛咀嚼很难嚼的植物。这些优势在一定程度上使得这种巨兽能对抗环境变化带来的影响。犀牛也有“敌人”，如人类——人类拿犀牛的角去换取高额的不法收益。

白犀、黑犀和苏门答腊犀都有两个角，另外两种生活在亚洲的犀牛——爪哇犀和印度犀——只有一个角。

一个几周大的白犀宝宝正在咀嚼食物

白犀

犀牛的一天

为了保持庞大的体形，犀牛必须保证自己巨大的食量。天气很热时，犀牛会通过在泥土中打滚儿来降温。雄性犀牛通常会独自巡视领地，雌性犀牛则经常成对或成群地出现。小犀牛总是待在母亲身边。

到底是哪种犀牛？

黑犀和白犀之间有什么不同呢？一起来看一看吧！

白犀	黑犀
白犀较宽的吻部适合取食矮草。	黑犀略尖的吻部适合取食树叶。
白犀的头较长，距离地面很近，因此白犀可以很轻松地吃到地上的矮草。	黑犀的头较短，被高高地“扛”在脖子上，因此黑犀多啃食高一些的树叶。
当白犀抬起头时，其耳朵后面会出现大鼓包。	黑犀的耳朵后面没有鼓包。

一起去旅行

河马

河马通过**分辨**其他河马留下的**粪便**来寻找最佳的活动场地。

一头正在警戒的河马

如果你对河马的印象是它们一直生活在水里，那也是情有可原的。河马大部分时间是泡在湖泊或河流中的。河马需要饮用大量水来维持身体的多项机能，而且泡在水里能使身体保持凉爽。

河马的许多身体特征可以很好地适应环境。河马的耳朵、眼睛和鼻孔都位于头部上方，因此，即使是大部分时间泡在水里，河马依旧能持续呼吸，还能了解到水面上发生的事情。当河马把头埋进水里时，会有“小盖子”把鼻孔和耳朵“盖”起来，以防止水进入。到了晚上，河马会离开水体，到陆地上取食。它们可以走很远的路，奔跑速度可以达到 40 千米 / 时。日出前，河马会回到水中，在那里消化食物，并用响亮的喇叭声和咕哝声与群体中的其他成员交流。

危险！

河马有着胖胖的身体、宽大的吻部和扭来扭去的耳朵，看起来很可爱、温和。但不要被假象迷惑，这种巨大的生物只是看上去如此而已！河马以脾气暴躁和好斗而闻名。一群河马通常由一头强壮的雄性河马领导。如果另一头雄性河马想要挑战领导权，现在的首领就会张开嘴，炫耀自己巨大的牙齿，表明自己并不惧怕战斗。然后，这两头河马会把牙齿“砸”在一起，就像一对羚羊相互锁住了角。这场冲突可能会持续一个多小时。当一头河马退缩时，战斗就结束了。河马妈妈也以勇于向任何对自己的孩子构成威胁的生物发起攻击而闻名。河马的坏脾气，加上它们强大的咬合力，使得它们可能会给任何与其擦肩而过的生物带来危险。据说在非洲，河马每年会导致数百人死亡，这让它们成了非洲最危险的动物之一。

一头雄性河马正在示威

迷你河马

这头倭河马看起来像河马的“迷你版”，事实上，它是一个与河马同科不同属的物种。它的眼睛、耳朵和鼻子没有那么突出，而且头相对较小。倭河马生活在西非的河流、湖泊、沼泽附近的水草繁茂和有芦苇的地带，非常罕见，想找到它们可不容易。

倭河马

动物小知识

鹿的角每年都会脱落，然后再长出新角，而羚羊的角**从不脱落。**

细纹斑马宝宝**出生后不到一小时就能跑了。**

就像人类婴儿吸吮拇指一样，小象也会通过**吸吮自己的鼻子来获得舒适感。**

每只大猩猩的鼻子周围都有**独特的皱纹或印记，**科学家可以通过这种皱纹或印记区分每只大猩猩。

大猩猩是
现存体形最大的灵长类动物。

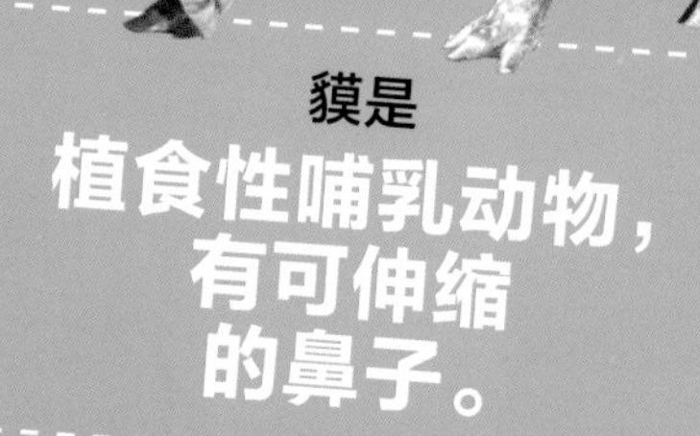

貘是
植食性哺乳动物，有可伸缩的鼻子。

猎豹
一天中只有少部分时间
在活动，其他大部分时间在休息——为全速追逐猎物保存体力。

“河马”
这个名字里虽然有“马”字，但河马与马的关系并不密切。

一起去旅行

羚羊

在非洲，无论你走到哪里，只要有植物，基本上就能找到羚羊。羚羊有很多种，有重约1.8千克的小型羚羊，也有重达1000千克的普通大羚羊。羚羊的毛色也有很多种，有白色的、棕色的、橘红色的。不同的羚羊在运动能力上也有很大区别——有的是“短跑选手”，有的是“长跑选手”，还有的是“跳高选手”。

但所有羚羊也有共同的特征，最明显的是它们的角——羚羊角有骨质的核心，核心外面覆盖着角蛋白。所有雄性羚羊都有角，超过一半的种类的雌性也有角。羚羊是反刍动物，拥有特殊的消化系统——可以从植物中吸收尽可能多的营养，因此我们经常可以看到它们的下颌在上下移动，那就表明它们正在反复咀嚼食物。想了解更多关于羚羊的信息吗？快来看一看下面这几种动物吧！

普通大羚羊

重量级选手

普通大羚羊其实并不普通。它们的体重可达1000千克，体形是所有羚羊中最大的，不过速度也是羚羊中最慢的。幸运的是，普通大羚羊因为足够大，所以可以抵御大多数的掠食者。

黑斑羚

全能选手

说到羚羊的生存技能，黑斑羚算是全能选手了。它们奔跑速度快，跳跃力惊人，一次能跃约10米远。黑斑羚既吃草，也吃树叶。

山羚

跳上去

为了躲避捕食者，山羚会朝着山崖行进！它们多以岩石崖壁为家，可以轻松地跳上崖壁，取食上面的植物。

捻角羚

会反击的植物

人们有时可以看到羚羊从一棵树下移动到另一棵树下，从每棵树上只取食几片叶子。它们为什么要这样做呢？

科学家发现，一些植物有自我防御的本领，可以抵御吃它们的动物。当植食性动物啃食这些植物时，植物就会释放出改变叶子味道的化学物质，使动物“知难而退”。

神奇的头饰

捻角羚的角可长达 1.8 米！这种螺旋形的角需要 6 年时间才能长成这种“转完两圈”的样子。

一览无余

薮羚生活的地方大多距离灌木丛较近，这样方便它们隐藏自己。到了晚上，它们会跑到开阔的草地上，在黑暗中进食和休息。

犬羚

薮羚

快呀，快呀

犬羚因其独特的叫声而得名。当发现捕食者时，犬羚会发出特别的声音，并以“之”字形路线跑向距离自己最近的藏身处。

一起去旅行

非洲水牛

你肯定不愿意站在一头脾气暴躁的水牛身边！ 非洲水牛因生性好斗而闻名，如果被它们锋利的牛角顶到，会受到严重的伤害。但这些令人胆怯的巨兽却能和同类和谐相处。它们会聚集在一起保卫小水牛，还会一头挨着一头地躺在一起。

除了休息，非洲水牛会花大量时间吃草。为了维持健硕的身体，非洲水牛每天要吃掉很多食物。它们会用长长的舌头卷住野草，用肌肉发达的宽大嘴唇扯断这些富含纤维的植物。除了野草，非洲水牛也会取食其他草本植物。对一头非洲水牛来说，狼吞虎咽的吃草方式并不粗鲁，因为这是它们生存所必备的技能。

一头雄性非洲水牛

美洲野牛？非洲水牛？

美洲野牛

北美洲是另外一种大型牛科动物的老家，这种动物和非洲水牛长得很像，以至于早期抵达北美洲的探险家把它们误认成同一种水牛。从生物学角度来讲，分布于北美洲的是野牛，而非水牛。

你能区分美洲野牛和非洲水牛吗？美洲野牛头上顶着一对短且指向上方的角，而非洲水牛的角很长，还有弧度。美洲野牛肩部有大大的类似“驼峰”的结构，非洲水牛则没有。

非洲水牛在泥潭里打滚儿，**让泥巴沾满全身以保持身体凉爽**。等泥巴干了以后会慢慢脱落，还能带走皮肤表面的虫子。

一群小非洲水牛

愤怒的“暴民”

那些试图抓捕小非洲水牛的狮子可要小心了！当小水牛处于危险境地时，会咆哮以呼唤牛群中的同伴。其他非洲水牛不但会跟着咆哮，还会变得狂躁且有攻击性。它们会追着狮子跑，让狮子无路可逃，有时甚至会把狮子踩死。团结一致的非洲水牛可以对付最凶猛的捕食者。

一起去旅行

长颈鹿

谈到长颈鹿，就不得不提及它们的身高。长颈鹿宝宝出生后，能在短短十几分钟内站起来。长颈鹿出生时的身高就能达到 1.5 米，但这个高度对长颈鹿来说仅仅是个开始。长颈鹿长到 4 岁时，身高达到“顶峰”。对大多数掠食者来说，体形过于庞大的长颈鹿可不是首选的捕食对象。此外，长颈鹿超高的身高还能帮助它们尽情享用长在高处的叶片。

绿叶“粉碎机”

长颈鹿的主食是绿叶。以下 4 个特征使它们成为优秀的植食性动物。

长脖子：和人类一样，长颈鹿有 7 块颈椎骨。但相较于人类的颈椎骨，长颈鹿的要长得多。长颈鹿的脖子长约 2 米，重约 270 千克！

长颈鹿能以**每小时 60 千米**的速度疾驰。但因为它们腿很长，所以即使全速奔跑，它们看上去也像在做慢动作一样。

马赛长颈鹿

巨大的舌头：长颈鹿的舌头长达 50 厘米！长颈鹿能从树上摘下自己最喜欢的叶片，还能巧妙地避免被尖刺扎到舌头。

防晒：长颈鹿的舌头是深色的，这或许可以防止被晒伤。

仰头：长颈鹿颈部和头骨之间的关节异常灵活，因此，长颈鹿能够通过仰头来够到高处的树叶。

精彩时刻之“哎呀”

“从这只小豹子只有 8 天大，到它 4 岁后拥有自己的后代，我们见证了它多年来的成长。我们认为我们有资格成为它的‘养父母’。”

——德雷克 · 朱伯特和贝弗利 · 朱伯特

一起去旅行

狮子

当提起非洲野生动物时，“百兽之王”的称号非狮子莫属。狮子是体形庞大的、凶猛的肉食性动物。在几千米外，你就能听到它们洪亮的吼声。狮子虽然以捕食角马和斑马等植食性动物而闻名，但除此之外，也会捕食其他肉食性动物，如猎豹和豹。狮子集体捕猎时甚至可以击倒大象。

一个狮群通常包括1～2只成年雄狮，5～8只成年雌狮，以及它们的后代。雌狮们会共同完成大部分狩猎工作；雄狮则负责巡逻，保卫领地。当狮群中的成员见面时，会热情地招呼彼此——即使是最凶猛的肉食性动物也有温情的一面。

一只雄狮

在肯尼亚马赛马拉国家公园的草原上，狮子妈妈正在与它的宝宝玩耍

雌狮会在照顾幼狮的同时，承担起大部分**狩猎工作。**

食谱

一只狮子准备把猎物叼到隐蔽的地方享用

用餐

狮子会集体捕猎，也会为争夺食物而开战。级别最高的雄狮会将大部分猎物占为己有。一只狮子一餐可以进食30多千克肉，在随后的一周里可以不再进食。

一起去旅行

豹

豹常常会潜伏在阴影中，无声地走向猎物。当它们离猎物只有几米远时，会猛扑上去，给猎物致命一击。之后，豹会将猎物带到树上。在那里，它们可以安静地享用“战利品”，因为它们知道，几乎没有大型捕食者能和它们一样拥有如此精湛的攀爬技能。豹十分敏捷、强壮，甚至可以把一只很沉的羚羊拖到高高的树枝上。

虽然豹是独居动物，整天独来独往，但是有一个例外：母豹会陪伴幼豹 1～2 年。一旦幼豹学会在危机四伏的环境中隐蔽，就会离开母豹，独自生活。小豹子要想成为一个优秀的猎手还需要一段时间，因此刚刚独立的豹仍然会时不时地向母豹讨要食物。

这只几周大的幼豹完全依赖母豹的照顾

食谱

豹基本上不挑食，小到青蛙，大到成年角马，几乎所有类型的动物都是它们的盘中餐。一项研究发现，塞伦盖蒂国家公园的豹会捕食大约 30 种不同的猎物。相比之下，塞伦盖蒂国家公园里的狮子只捕食十几种猎物。以下是豹会捕食的部分物种。

黑斑羚

疣猪

犬羚

珍珠鸡

松鼠

豹的斑纹

豹的斑纹能起到“隐身衣”的效果吗？虽然受环境所限，但在一定条件下，斑纹确实能帮助豹有效地隐藏起来。豹都有斑纹，这些斑纹会因栖息地的不同而有所不同。生活在热带雨林中的豹处在树木茂密的环境中，因此身上的斑纹的颜色会比生活在草原上的豹的斑纹的颜色更深。

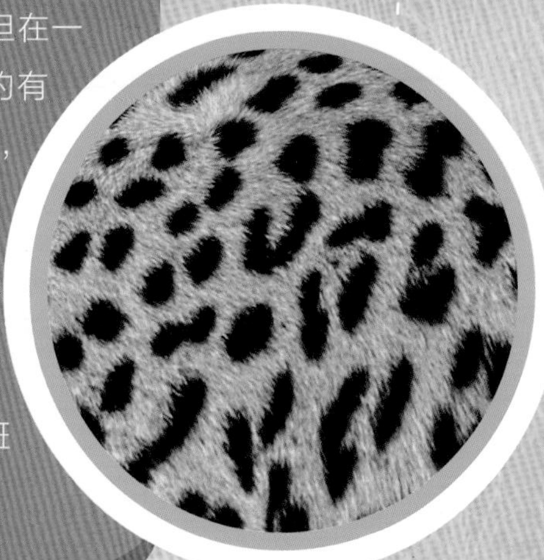

豹

一起去旅行

猎豹

如果要讲一个和猎豹有关的事情，那么一定会提到它们惊人的奔跑速度。实际上，当我们讨论陆地上哪种动物跑得最快的时候，猎豹一定是冠军。与其他大多数猫科动物不同的是，猎豹通常在白天狩猎。在捕猎时，它们会尽其所能地接近要捕捉的猎物。当距离猎物只有几十米的时候，猎豹会加速冲刺。如果它们成功扑倒了猎物，就会顺势咬住猎物的喉咙，使其窒息。在尽情享用前，猎豹通常会将捕获到的猎物藏到一个相对隐蔽的地方。但即使是这样，猎物也很可能被其他体形更大的动物抢走或偷走。

猎豹在很小的时候就开始学习捕猎技巧了。猎豹宝宝出生 6 周后就要跟随妈妈一起去捕猎。刚开始的时候，小猎豹只是在一旁观摩，等到它们 6 个月大时，就要开始练习捕猎了。猎豹妈妈会带回一些活着的小动物，借此教孩子们如何咬住猎物的喉咙，让它们无法逃跑。正所谓“实践出真知”，大多数猎豹在 1 岁以前是处于训练状态的。

猎豹宝宝

蜜獾

食谱

一只正在追赶猎物的母猎豹

优秀的“伪装者”

在出生后不久，小猎豹的背部会长出灰色的长毛，看上去就像灰色的披风。一些专家认为，这样的长毛可以帮助小猎豹伪装成蜜獾——一种凶猛且好斗的肉食性动物，从而达到保护自己的目的。领教过蜜獾厉害的捕食者在看到与之相似的小猎豹后，可能会好好想一想要不要追捕它们。当然，也有专家认为，蜜獾和小猎豹之间的相似之处可能只是巧合。你认为呢？

一起去旅行

大猩猩

曾有一段时间，人们将大猩猩视作丛林中最危险、最可怕的生物之一。经过对野生大猩猩几十年的观察，科学家现在知道，它们大多数时候是平静且不具备攻击性的。大猩猩群通常由一只成年雄性大猩猩领导。领头的大猩猩很容易就能被认出来——它是群体中唯一一只背上有独特银毛的大猩猩，因此也被称为“银背大猩猩”。群体中的其他成员都是成年雌性和领头大猩猩的后代。

大猩猩群体内并不实行“民主制”。作为领袖的银背大猩猩会决定整个群体的生活——什么时候前进，什么时候筑巢休息，什么时候觅食。如果群体中有大猩猩不太守规矩，银背大猩猩只需要稍稍皱眉或咕哝一声，那些捣乱的大猩猩就会乖乖听话。银背大猩猩不仅需要扮演领导者的角色，还需要充当群体的保护者。遇到危险的时候，首领通常让其他成员隐藏起来，由自己单独去迎击来犯者。

大猩猩通常**用四肢行走。**它们也能用两只脚行走，只不过有时这样做是为了吓走入侵者。

年幼的东部大猩猩在妈妈身边玩耍

就像我们一样

年幼的大猩猩与人类婴儿之间有许多相似之处。刚出生的大猩猩宝宝会十分依赖自己的妈妈。但随着慢慢长大，它们会越来越喜欢跟同龄的伙伴交流和嬉戏。大猩猩群体内经常会有年幼的大猩猩成群结队行动的情况。它们会一起在地上打滚，一起在树枝间荡来荡去。

东部大猩猩与西部大猩猩

东部大猩猩和西部大猩猩之间有许多相同之处，表格里列出的则是它们的某些不同之处。

东部大猩猩	西部大猩猩
大部分毛是黑色的。生活在山上的东部大猩猩手臂上的毛较长、较厚，这样可以帮助它们保暖。	部分毛是棕灰色的。
大部分时间在地面上度过。	经常爬树寻找果实，夜晚睡在树上。
雄性大猩猩的体重能达到 209 千克。	雄性大猩猩的体重能达到 191 千克。
一个群体中最多可以有 5 只成年雌性大猩猩。	一个群体中成年雌性大猩猩的数量一般不会超过 3 只。

西部大猩猩

东部大猩猩

与朱伯特夫妇一起旅行

2002 年的一个清晨，当我们驾车行驶在博茨瓦纳的奥卡万戈三角洲时，发现了一只豹。我们决定跟踪它。

这只豹回到了自己休息的地方，卧在一棵倒下的树的粗枝旁。当我们靠近它时，简直不敢相信自己的眼睛：它的孩子就藏在树枝和树叶后面。我们停下了手头的一切工作，进入这片区域，开始拍摄幼豹。

我们给这只幼豹起了名字，这个名字在茨瓦纳语中是“来自天空的光”的意思。起初，这只幼豹很明显只是把我们当成了森林里的其他动物，并没有表现出恐惧。它会从树枝间探出小脑袋来看我们。如果突然出现噪声，如一群狒狒向我们靠近，它就会迅速和妈妈卧在一起。

随着幼豹一天天长大，它开始独自探索兽窝以外的世界。我们开车跟在它后面，并进行观察和拍摄。每当跟丢它的时候，我们就会尝试追踪它的爪印，或者依靠森林中的其他动物来追踪。当豹到来时，某些动物——猴子、松鼠、鸟等会互相提醒豹的存在。顺着这些警报声，很多时候我们就能找回幼豹的踪迹。

我们的车不是封闭的——既没有车门，也没有车顶。有时，幼豹会坐在车旁边。当看见我们坐在车里时，它会用美丽的琥珀色眼睛盯着我们。偶尔，它也会走过来，用爪子轻拍贝弗利的脚，然后从车底爬到我这一边，并把脸靠在我的脚上。随后，它就会离开，继续做自己的事情。

我们之间存在着一种让人感到暖心的关系，信任的桥梁将我们联系在一起。但与此同时，我们决定不再干涉它的生活。因为我们知道，一旦与它接触，就会改变它。因此，我们开始训练它不要逾越界限。

人生课堂

在幼豹 1 岁时，有一次，它跳进了我们的车里。我们本可以猛敲仪表盘或大喊大叫，将它赶下车。但我们没有。我让空调吹出热风，它不喜欢这样，于是就开始咆哮。恰好一片叶子卡在了通风口，发出咔嗒的声音，这同样引起了它的不满。于是，它离开了。接下来的几次，每当它跳上车的时候，我们就会做出同样的举动。我们发现即使不用严厉的态度也可以维持我们之间的界限，以及信任。

拍摄结束后，我们发现在追踪幼豹的 4 年时间里，有约 1 万只豹被合法捕杀了。我们对此感到十分恐惧，并为此发起了“保护大型猫科动物”的倡议，这个倡议已经影响了 27 个国家的 150 多个项目。我们希望越来越多的人意识到，所有大型猫科动物的生命比它们身上的皮毛要珍贵得多。

年幼的狮子

第二章

为生存而生

在没有水喝的地方，动物是如何生活的？当猎物总是成功逃跑时，肉食性动物是怎么充饥的？当凶残的捕食者企图将猎物生吞活剥时，被捕食者要怎么生存下去？大自然已经回答了这些问题，它赋予动物们在面对各种情况时不同的生存能力。

有一种沙漠甲虫，它们能通过收集空气中的水汽来补充水分；有一种猫科动物，它们奔跑时的加速能力比汽车还略胜一筹；还有一种蜥蜴，当它们被追逐时会断尾求生，并且慢慢地长出新尾巴。每一种你能想到的生存策略都可能存在于自然界中。

令人惊叹的非洲

许多人一提到非洲动物就会联想到辽阔的草原、零星的树木，以及广阔的天空。这样的联想是有原因的。非洲的热带稀树草原拥有种类繁多的野生动物，其中包括许多大型哺乳动物。此外，非洲干旱的沙漠和郁郁葱葱的雨林，同样孕育了很多物种。一起来看一看吧！

萨赫勒

只有在短暂的雨季，这片土地上才会有一些降雨。这里的动物经常为了寻找水和植物而四处奔波。

旋角羚可以从食用的植物中获得生存所需要的全部水分。

撒哈拉沙漠

在撒哈拉沙漠，气温可以从夜间的极低上升到白天的极高。在这片广袤的沙漠中，有些地方甚至可以连续两年不下一滴雨。在这里安家的动物简直就是为在恶劣的环境中生存而生的。

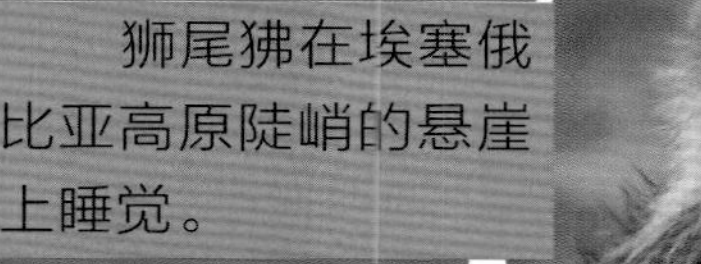

狮尾狒在埃塞俄比亚高原陡峭的悬崖上睡觉。

埃塞俄比亚高原

这个地区拥有许多高山。行动敏捷的动物（如狮尾狒）能在这里的悬崖上生活。

雨林

在非洲炎热潮湿的雨林里生活着种类繁多的动物，如黑猩猩、大猩猩、鹦鹉、非洲森林象等。

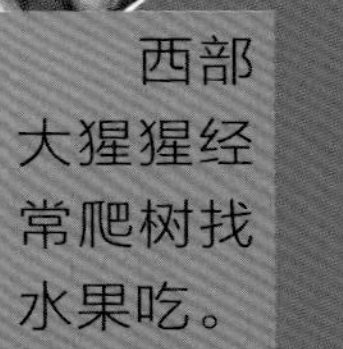

西部大猩猩经常爬树找水果吃。

河马白天在水中沐浴，晚上到陆地上吃草。

壮观的湖泊

非洲最大的淡水湖——维多利亚湖中有数百种鱼类。其他许多生物，如河马和鳄鱼等，也会在湖里和湖边活动。

马岛獴是马达加斯加岛上最大的肉食性动物。

马达加斯加

数百万年来，马达加斯加岛上的动物与世隔绝。如今，这里的大多数动物依旧仅分布于马达加斯加岛。

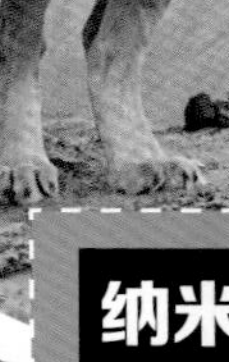

生活在纳米布沙漠中的狮子可以连续数周滴水不沾。

纳米布沙漠

纳米布沙漠是一个沿海沙漠，年降水量一般不足 50 毫米，有的年份滴雨不降。

在雨季，数以千计的火烈鸟会来到卡拉哈里沙漠的盐沼湖。

卡拉哈里沙漠

卡拉哈里沙漠并非普通的沙漠。在雨季，水量充沛的奥卡万戈河会注入卡拉哈里沙漠，从而形成三角洲，将这里变成一个有许多野生动物聚集的区域。很久以前，卡拉哈里地区的水很多，而现在，曾经巨大的湖泊已干涸。

热带稀树草原

在这里，你会发现许多非洲的代表性动物，如大象、长颈鹿、猎豹和狮子等。在雨季，野草茁壮生长，为斑马、瞪羚和角马提供食物。然而，在这些植食性动物生活的地方，也潜伏着捕食者。

每年，总数超过 100 万只的角马、斑马、瞪羚会在非洲热带稀树草原上迁徙。

伪装大师

这些动物知道如何在众目睽睽之下隐藏起来。

雄性非洲凤蝶

伪装飞行

雄性非洲凤蝶大多较为相似，长着淡黄色和黑色相间的翅膀；雌性非洲凤蝶的翅膀则会有许多颜色和花纹。许多雌性非洲凤蝶会将自己伪装成“不好吃”的蝴蝶种类——这有时能帮助自己逃过一劫。

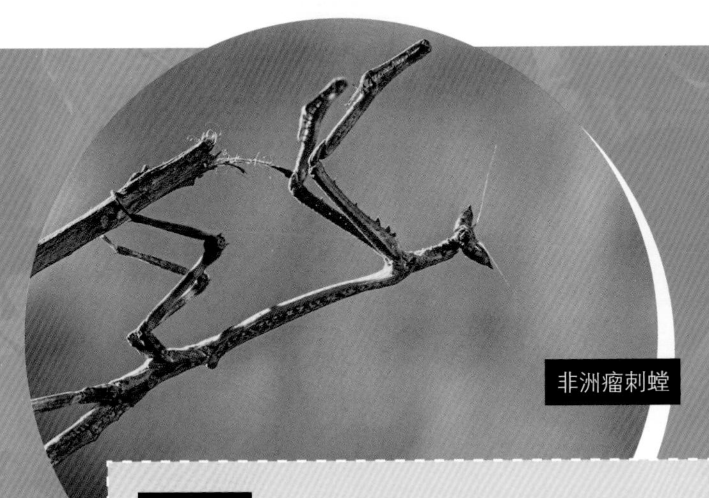
非洲瘤刺螳

拟态

如果它看起来像一根枯枝，动起来也像一根枯枝，那么它可能是……一只巨大的非洲瘤刺螳！这种生物能长到普通铅笔那么长，是世界上体形最大的螳螂之一。当它们站在树枝上时，你几乎发现不了它们，因为甚至连它们头上的眼睛也在模仿枯枝上的尖刺。非洲瘤刺螳会耐心地等待猎物。当一只毫无戒心的蜘蛛爬到它们触手可及的地方时，非洲瘤刺螳会用细枝般的前臂抓住它，然后大快朵颐。

保护色

当捕食者在周围游荡时，被捕食者还选择懒洋洋地躺在树干上，这听上去可能有点儿不切实际，但苔藓叶尾壁虎却可以这样做。它们那凹凸不平的可变色的皮肤可以让自己与树皮、苔藓等融为一体——即使在阳光下睡上几个小时也不会被捕食者轻易发现。

但是，即便拥有这种能力，苔藓叶尾壁虎也难以逃脱被人类抓捕并出售的命运。科学家表示，人类对壁虎的需求和壁虎栖息地的丧失，正在威胁这种爬行动物的生存。

苔藓叶尾壁虎

假死

位于非洲东南部的马拉维湖是数百种鱼类的家园，其中有一种鱼有着不同寻常的捕猎技巧：装死。利文斯顿慈鲷会先沉入湖底，侧身躺着。在那里，它们长有斑点的蓝色皮肤能让其他鱼类以为它们已经死了，从而不去吃它们。当微小的食腐动物游下来查看时，利文斯顿慈鲷就会“活”过来，一口把它们吞掉。

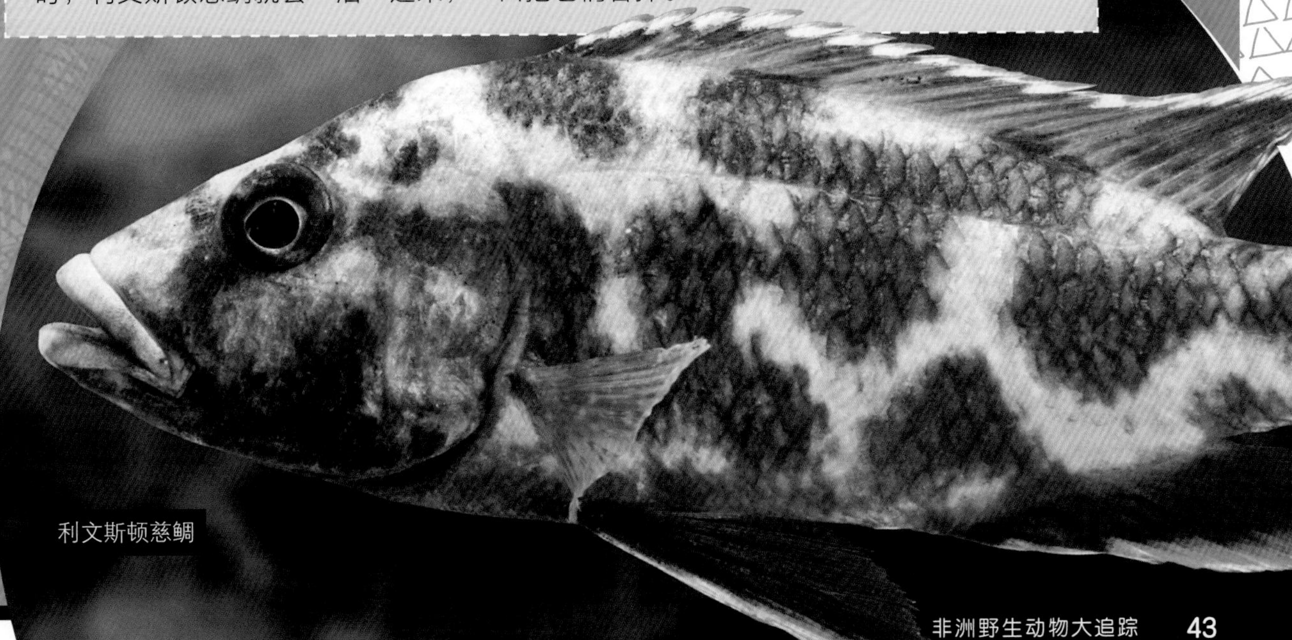
利文斯顿慈鲷

警告：有毒

你不会想和这些危险的动物擦肩而过的。

咬一口，有毒

黑曼巴蛇是非洲毒性最强的蛇之一，而且能以每小时 19 千米的速度前行，因此也是世界上行动速度最快的蛇之一。黑曼巴蛇的平均体长超过 2 米，有些黑曼巴蛇甚至能长到 4 米长！

黑曼巴蛇的名字来源于它们乌黑的嘴巴。这种黑色是个警告信号。这种蛇最可怕的地方是它们的毒牙。它们不仅会在猎杀小型哺乳动物和鸟类时使用毒液，还会依赖这种强大的武器自卫。它们有时会发动猛攻，对猎物反复撕咬，释放的毒液足以杀死体形是自己数百倍大的动物。

人们发明了针对黑曼巴蛇的抗蛇毒血清，以治疗黑曼巴蛇造成的咬伤。

只要两滴**黑曼巴蛇的毒液**就能毒死一个成年人。

黑曼巴蛇用舌头感受气味

退后!

有毒动物并不总是通过咬或刺来输送毒液。有的蛇会在受到威胁时通过毒牙上的洞喷出毒液，如莫桑比克射毒眼镜蛇。

会喷毒液的眼镜蛇能瞄准目标的眼睛喷射毒液，其精准度令人难以置信。毒液能够射中 2 米外的目标。这是眼镜蛇的一种防御策略——让自己与敌人保持一定距离。被毒液命中眼睛的动物会非常痛苦，有的甚至会失明。

莫桑比克射毒眼镜蛇正在喷射毒液

致命的毒刺

以色列金蝎是世界上最危险的蝎子之一。以色列金蝎的身长只有约 8 厘米，它们是如何让自己具有强大的威胁性的呢？它们最有力的“武器”就是尾巴上的毒刺。以色列金蝎会躲在岩石下，然后出其不意地攻击猎物。因为螯并不强壮，所以以色列金蝎只能依靠自己的毒刺来制服猎物。

以色列金蝎

为奔跑而生

在非洲生活着不少奔跑速度非常快的动物。

猎豹正在全速奔跑

猎豹的指甲不能完全缩回，所以它们的爪子就像带鞋钉的足球鞋一样。

奔跑速度极快的大猫

跑，跑，尽可能快地跑……没有哪种陆地动物的奔跑速度能与猎豹的奔跑速度相媲美。在狩猎时，猎豹可以在 3 秒内将奔跑速度从 0 提升到 100 千米 / 时以上，而这还不是猎豹的最快奔跑速度！

但猎豹无法长时间保持这么快的奔跑速度。猎豹的“冲刺追逐”基本上很快就结束了，通常不到 1 分钟。

大鸟

鸵鸟生活在开阔的平原上，因此几乎无处藏身。它们也不会飞。那么，当捕食者出现时，鸵鸟该怎么办呢?

鸵鸟不仅是世界上现存体形最大的鸟类，也是跑得最快的鸟类。它们有力的长腿能让自己以 70 千米 / 时的速度奔跑，一步差不多能迈出约 5 米远。此外，鸵鸟的翅膀有助于它们在急转弯时保持平衡。

鸵鸟几乎是在刚孵化出来的时候就具备了高速奔跑的能力。出生一个月后，小鸵鸟就能跟上父母奔跑的步伐了。

鸵鸟在奔跑

跳羚

让我们跳起来

跳羚是一种弹跳力极好的羚羊，并以其独特的跳跃方式而闻名。跳羚在受惊或嬉戏时，常常可以跳 3 米高，并可连续跳跃五六次。跳羚可能会通过腾空跳跃的方式来提醒同伴注意捕食者。

跳羚面临危险时，便不再腾空跳跃，而是会直接逃跑。跳羚的奔跑速度能达到 90 千米 / 时——超过了大部分天敌的奔跑速度。真是令人称奇的弹跳高手！

各就各位，预备，跑！

快来和这些跑得快的选手一较高下吧！

选手	最快奔跑速度
猎豹	约120千米/时
跳羚	约90千米/时
汤氏瞪羚	约90千米/时
狮子	约80千米/时
角马	约80千米/时
鸵鸟	约70千米/时
长颈鹿	约60千米/时
非洲水牛	约50千米/时
人类	约36千米/时

疯狂奔跑

在出生后的 10 分钟内，小角马就能和妈妈一起奔跑了，它们别无选择。为了生存，小角马必须与角马群的其他成员一起前进。角马以迁徙而闻名，每年，大批角马会向有着丰美植物的草原迁徙。

角马可以连续步行或奔跑数小时，还能短距离快跑。在躲避捕食者时，其奔跑速度可达 80 千米 / 时。

角马

动物小知识

在沙漠中，**长长的睫毛**可以保护骆驼的眼睛免受沙子的伤害。

齿蝶鱼能通过**“飞出”**水面的方式**捕食昆虫。**

屁步甲的自卫方式很特别。它们会向敌人喷射一种温度很高的化学物质，这种物质会**在空气中“沸腾”**，产生类似爆炸的效果。

獾㹢狓用**超长的舌头**清洗眼睛和耳朵。

河马可以屏住呼吸长达**5分钟。**

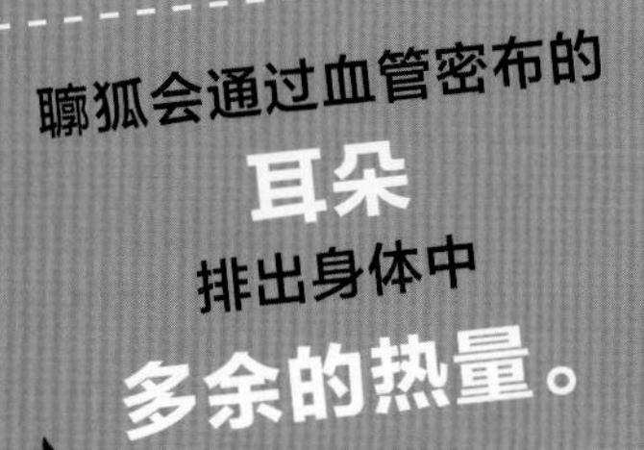

聯狐会通过血管密布的
耳朵
排出身体中
多余的热量。

在无氧情况下，
裸鼹形鼠可以存活
18 分钟。

当受到攻击时，
非洲冕豪猪
会将约 30 厘米长的
翎毛竖起，
使自己看起来
更大、更具
威胁性。

蛇鹫有
超级强壮的腿
——更适合用来踩
猎物！

超时

为了度过艰难时期，一些动物会进入类似睡眠的状态。

非洲牛蛙

没有降雨？不成问题

当生活变得艰难时，非洲牛蛙就会钻入地下。这种长得圆鼓鼓的蛙之所以能在旱季生存下来，靠的就是钻入土壤深处的洞穴，利用脱落下来的皮结茧，把自己裹起来。这种两栖动物会进入一种叫“夏眠”的状态，这种状态会持续几个月。当雨水再次洒向大地时，这种蛙就会从自制的庇护所中挣脱出来，爬出地面，寻找食物和配偶。

当受到惊吓或生气时，非洲牛蛙会膨胀身体，让自己看起来更大。

非洲肺鱼在水面呼吸空气

离开水的鱼

非洲肺鱼早在恐龙出现之前就存在了。对大多数鱼类来说，离开水是无法生存的，但非洲肺鱼即使在池塘完全干涸的情况下也能活得好好的。非洲肺鱼的身形细长，就像一条鳗鱼。在旱季开始时，它们会钻入泥中，随后，其皮肤分泌的很多黏液会和泥混合在一起，形成一个坚硬的泥壳，壳上会有一个或几个通气孔。非洲肺鱼在泥壳中进入休眠状态，直到下次降雨时才会从沉睡中醒来。

看不见

大家可能会对马达加斯加的肥尾鼠狐猴感到很疑惑——每年，这种体形类似松鼠的灵长类动物会消失 7 个月之久。在很长一段时间里，没有人知道它们的去向。但有一个重要的线索：这种狐猴消失的时候恰逢旱季。科学家提出这样一种假设：所谓的“消失”,可能是这种动物在蛰伏。蛰伏期间，肥尾鼠狐猴依靠储存在它们粗壮尾巴里的营养物质生存。

研究人员给 53 只肥尾鼠狐猴做了标记，并追踪它们的位置。最终结果证明：他们的假设是正确的。肥尾鼠狐猴每年都会在树洞里蛰伏一段时间。这种动物的秘密被揭开了，它们成为目前已知的世界上唯一会蛰伏的灵长类动物。

肥尾鼠狐猴

准备，逃跑，再生

这些生物拥有超强的自愈能力。

彩虹飞蜥

分头行动

在西非的某个地方，一条蛇咬住了彩虹飞蜥亮蓝色的尾巴。片刻之后，只剩那条尾巴在原地摆动，彩虹飞蜥则逃之夭夭。许多蜥蜴会通过断尾的方式逃离捕食者，并在不久后长出新的尾巴。对雄性彩虹飞蜥来说，尾巴的更新迭代还有一个好处：新尾巴往往会长成棒状，这会让飞蜥在争抢地盘和争夺配偶的过程中具有更强的竞争力！

两条尾巴的故事

非洲肥尾壁虎的尾巴很粗。这条尾巴有一个重要的作用——储存脂肪和水分，帮助壁虎度过食物匮乏的时期。尽管尾巴很有价值，但肥尾壁虎还是会在危急时刻毫不犹豫地弃之逃跑。胖乎乎的尾巴被丢弃后会继续摆动，以此来分散捕食者的注意力，肥尾壁虎就可以趁机逃跑。当然，肥尾壁虎很快就会长出新的尾巴。

非洲刺毛鼠

非洲刺毛鼠也能**断尾**。

“蜕”掉皮肤

对许多捕食者来说，非洲刺毛鼠很可能成为它们的目标。但这种小型啮齿动物的逃跑策略在哺乳动物中独树一帜。为了摆脱捕食者，非洲刺毛鼠可以瞬间脱落大块皮肤组织，然后趁机逃跑。非洲刺毛鼠恢复得很快，一段时间后就能长出新的皮肤。

非洲肥尾壁虎

数量充足的牙齿

超强的咬合力是尼罗鳄最强大的“武器”之一。与哺乳动物不同，尼罗鳄可以毫无顾忌地用最大的力量撕咬猎物，而不用担心这一过程可能对牙齿造成的伤害。这是为什么呢？因为尼罗鳄的旧牙会不断地被新牙取代。一项研究发现，在尼罗鳄的一生中，同一个位置的牙齿可能会被替换 50 多次。

尼罗鳄正在吞一条鱼

“这只黑斑羚在出生后 8 分钟内就站起来了。对它来说，这是非常必要的能力。小黑斑羚出生后不久就得学会奔跑。”

——德雷克 · 朱伯特和贝弗利 · 朱伯特

精彩时刻之
“哎呀”

食谱上的成功

古怪的饮食习惯让这些动物得以生存下来。

蜣螂在滚粪球

对粪便的渴望

一头大象一天能排泄 100 多千克的粪便。这些粪便去哪儿了呢？其中一些被蜣螂拖走了。蜣螂是勤劳的昆虫，会在粪便中挖洞，在里面产卵，甚至还会以粪便为食。

这种能把动物粪球移走的蜣螂也被称为“屎壳郎”。一只雄性蜣螂和一只雌性蜣螂会合力滚出一个粪球，并将它滚离其他蜣螂。然后，它们会把粪球埋起来，以便啃食，或者将其作为产卵的地方。当蜣螂宝宝孵化出来时，它们的第一顿大餐就已准备好了。

蜣螂**把粪便塑成球状**，这样便于滚动。蜣螂之间经常设法偷对方的粪球。

长颈羚

看，没有蹄子！

非洲有 70 多种羚羊，其中有一种羚羊可以不用靠着树就做到后腿直立。这种羚羊被称为“长颈羚”。在长脖子的帮助下，利用后腿站立的长颈羚可以够到离地 2 米以上的树叶和花朵。对其他羚羊来说，这是一个较难完成的动作，但对长颈羚而言，这只是一件很平常的事罢了。

吸吮眼泪

在马达加斯加岛上，一只斑蛾落在一只熟睡的鸟儿身上。它是来吸吮鸟儿的眼泪的。斑蛾把它的喙插进鸟儿紧闭的眼睑之间，吸吮鸟儿眼睛里的液体。这个过程大约会持续 30 分钟。其实斑蛾需要的不是水分，而是鸟儿眼泪里的盐分。

“虫子”大餐

土狼虽然隶属于鬣狗科，但在饮食方面与鬣狗科的大多数动物截然不同。众所周知，斑鬣狗等鬣狗科的动物几乎会吃掉任何能抓到的猎物，而土狼的主要食物是白蚁。只需要一个晚上，一只土狼就能用它黏糊糊的舌头舔食几十万只白蚁。真是好胃口！

土狼

传递盐分

当大象无法从食物中摄取足够的盐分时，就会寻找其他的钠来源。肯尼亚的一群大象常常会深夜潜入洞穴“取盐”！它们用自己坚硬的象牙，在洞穴壁上磨蹭出岩石粉末，然后吃下这些粉末，以获得其中的盐分。

自带“武器”

这些动物拥有重要的“头饰”。

南非长角羚

长角

很久以前，人们喜欢购买南非长角羚的角，因为他们以为那是独角兽的角。南非长角羚的角可以长到约 1 米长。南非长角羚会用角保卫自己的领地不被同类侵犯。

小型“三角龙”

繁殖季节，雄性杰克森变色龙会用粗大的角与其他雄性决斗。当两只雄性对峙时，这种爬行动物会变成亮绿色，这表明它们准备好了。然后，它们会通过卡住对方的角来战斗。一般来说，其中一只较弱的变色龙会选择让步。但有时，争斗会变得很激烈。例如，一只变色龙会用角刺穿另一只变色龙的身体。

杰克森变色龙

特别的角

犀牛角的主要成分是角蛋白，与人类指甲的成分类似。动物的角通常长在头顶，而犀牛的角则长在鼻子上方。犀牛会用自己的角保卫领地、保护后代、挖掘食物等。有时，犀牛角也使犀牛处于危险之中——犀牛角在某些地方会被磨碎并用于制造药物。

犀牛

坚硬的獠牙

疣猪的嘴里长着两对獠牙：最上面的一对向上弯曲，让疣猪看起来像在微笑；底部的一对较短，像刀一样锋利。当疣猪被掠食者逼得走投无路时，就会用这两对獠牙进行反击。

疣猪

小心

长颈鹿头顶上角状的突起被称为“皮骨角”。长颈鹿出生时，其皮骨角是由软骨组成的。随着时间的推移，这些软骨会变成硬骨。发育良好的皮骨角可以在“脖击”比赛中帮助雄性长颈鹿赢得比赛。在“脖击”比赛中，雄性长颈鹿会甩动脖子，用头撞对方的身体。而皮骨角给长颈鹿的头部增加了重量，可以给对方造成更重的打击。

长颈鹿

烈日下保证安全

这些酷酷的动物知道如何抵御高温。

纳米布沙漠甲虫正在收集水

无中生有

虽然沙漠地区很少下雨，但这并不能阻止纳米布沙漠甲虫喝水。当夜晚降临的时候，这种甲虫就会背朝雾来的方向倒立，空气中的水汽能够在温度比较低的物体表面凝结成水珠，这样，雾气凝结成的水珠就在甲虫背上形成了。而此时，甲虫的头正好朝下，水自然而然就顺着背上的沟槽流到嘴里去了。

不会流汗

古时候的人们认为河马会流汗。事实上，从河马皮肤中渗出的红色黏液既不是汗，也不是血。那是一种很厉害的分泌物。科学家认为，这种黏液能起到防晒的作用，还具有抗菌的功效，能有效防止伤口感染，治愈其他动物给河马造成的皮外伤。

河马的皮肤

侏咝蝰

侏咝蝰依靠**“毒咬”**来捕食蜥蜴，不过，这种蛇的毒液对人类来说并不致命。

沙漠中的蛇

侏咝蝰能以 30 千米 / 时的速度在沙漠中穿梭。侏咝蝰的眼睛长在头顶，这种身体构造可以使侏咝蝰将自己埋在沙里（为了保持凉爽）时也能观察周围的情况。当蜥蜴经过时，这种警觉性强的毒蛇就会猛扑过去，向其注射毒液。

旋角羚

改变颜色

没有哪种羚羊比旋角羚更能适应撒哈拉沙漠的生活了。旋角羚长着宽大的蹄子，能轻松地在沙子上行走。它们不喝水，以植物为食，且能从食物中获得自身需要的水分。此外，旋角羚的皮毛颜色会随着季节的变化而变化：冬天，毛呈烟灰色，因为这种颜色可以吸收更多热量；夏天，毛会变成白色，因为这种颜色可以反射更多太阳光线。

秘密尾巴

许多生活在沙漠中的小型哺乳动物是夜行性的——往往只在晚上活动。在一天中最热的时候，这些动物会在阴凉处睡觉。南非地松鼠却恰恰相反。它们能在烈日下寻找食物。当需要遮阳时，它们就会把自己毛茸茸的尾巴当作遮阳伞。

南非地松鼠

与朱伯特夫妇一起旅行

非洲有众多毒性极强的蛇，你可能会好奇我们是否遇见过它们。事实是，这些年，我们与蛇“互动”的次数并不多，我们遇见的大多数蛇会急匆匆地逃走。但如果一条蛇感觉自己被逼入了绝境，就会有自卫行为，即使我们本无意冒犯。

一天下午，德雷克正在离帐篷不远的树附近接电线。突然间，他感到手上一阵刺痛。起初，他以为是被黄蜂蜇了一下，或是被树上的刺扎了一下。我立刻让他服下了抗组胺药。但过了一段时间，他开始出现头昏眼花、心跳加快的症状。我们这时才意识到德雷克被蛇咬了。

凌晨 5 点，德雷克感觉更难受了。他出去检查了一番，发现那条咬他的蛇还蜷缩在那棵树的后面。这条蛇的体形很小，眼睛又大又亮，我们认为它可能是非洲树蛇。我们将蛇的照片发给专家，得到反馈：它就是非洲树蛇。一名护士很快来到了我们的营地。

12 个小时过去了，德雷克暂时脱离了危险。但同时我们也了解到，在被非洲树蛇咬伤后的几天内，伤者可能会出现并发症。德雷克联系了专家，专家说道：“的确，咬你的是一条非洲树蛇。如果你还活着，那你真的很了不起。但在接下来的 10 天里，你仍然有可能出现其他症状。”于是我们暂停拍摄，将德雷克送到了医院。经过妥善治疗，德雷克终于康复了。

难忘的一幕

尽管很少有蛇接近我们，但多年来，我们看过许多蛇与其他生物“互动”的场景，最难忘的还是那一次——一天晚上，当我们走近帐篷时，发现黑暗中有一道神秘的光。我们向着闪光走过去，想要看一看那里有什么。

过了一会儿，我们听到一声刺耳的尖叫，于是赶忙拿着手电筒跑了过去。只见一条巨大的蟒蛇在黑暗中移动，似乎正缠着什么东西。在帐篷旁有一群黑斑羚，而尖叫声则来自其中一只被蟒蛇缠住的黑斑羚。这条蟒蛇缠绕在小羚羊身上。蟒蛇是无毒的，但它们会挤压猎物，直至猎物窒息而亡。

我们站在那里，愣住了，随后用相机记录下了这一幕。

第三章

盟友与死敌

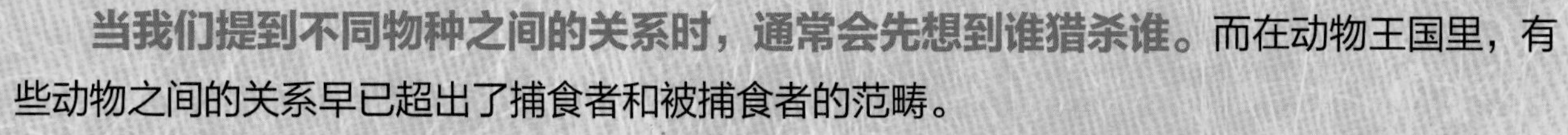

当我们提到不同物种之间的关系时，通常会先想到谁猎杀谁。而在动物王国里，有些动物之间的关系早已超出了捕食者和被捕食者的范畴。

一方面，动物之间存在竞争关系，如狮子和鬣狗。这些肉食性动物不只抢夺食物，也会吃掉对方。但是，它们之间的“不合”不仅仅是竞争——这两种动物之间的凶残行为似乎表明，它们从骨子里不喜欢对方。另一方面，也有一些物种是会互相帮助的。牛椋鸟经常栖息在大型植食性动物的身上，如犀牛和非洲水牛。这类鸟在它们体表清除寄生虫等，从而得到富含蛋白质的食物。

狮子和鬣狗是真正的敌人吗？牛椋鸟和犀牛之间有真正的友谊吗？交给你来判断吧！

一只黄嘴牛椋鸟蹲坐在
非洲水牛身上

蛇与獴

一种看起来弱不禁风的动物居然能抵御世界上最危险的蛇类。

在野外，几乎没有什么动物会让眼镜蛇感到害怕。眼镜蛇毒性强烈的毒液足以让大多数生物自动与它们保持距离。但有一种小型哺乳动物一直被认为是眼镜蛇和其他很多毒蛇的强有力对手。

几百年来，人们一直很关注獴，因为它们能打败有剧毒的蛇。獴超快的反应能力和强大的咬合力自不必说，科学家还怀疑獴有别的“绝招”，因为人们一次又一次地发现，獴可以从蛇致命的攻击中幸存下来。

在 20 世纪 90 年代，一个研究小组解开了这个谜团，他们证实了自己的猜测：獴生来就有特殊的抵抗力，可以抵御蛇毒。通常来说，蛇毒中，有些毒素会附着在受害者肌肉细胞的受体上，麻痹受害者。而獴体内的受体很特殊，可以抵抗这些毒素，因此毒素会被“弹”得远远的。正是这种抗毒能力使得獴能够在可怕的毒蛇面前无所畏惧。

一只獴正与一条眼镜蛇对峙

獴犯下的“错误”

19 世纪末至 20 世纪初，獴被人类带到许多岛屿上。人们希望利用这些勇敢的捕食者控制当地啮齿动物和蛇类的数量。但是，一个已经稳定的生态系统在引入獴后，产生了很多问题。例如，在非洲岛国毛里求斯，獴被引入后，开始捕食当地本就稀有的粉红鸽。粉红鸽本就因栖息地破坏而数量减少，再加上外来物种的捕杀，到 1991 年，这一物种只剩下约 10 只。不过好在此后，人们开始关注粉红鸽的保护问题。截至 2018 年，毛里求斯的野生粉红鸽的数量已恢复至 470 只。

狮尾狒与埃塞俄比亚狼

这些猴子从不喊“狼来了”。

狮尾狒生活在埃塞俄比亚的高原上。它们白天在那里咀嚼美味的野草，晚上在陡峭的悬崖上睡觉。它们对栖息地选择的重视程度和对草的偏好程度在猴科中是较强的。更独特的是，它们愿意与埃塞俄比亚狼一起生活。

在崎岖不平的高原上，狼经常出现在狮尾狒周围。狮尾狒并没有想逃跑或试图赶走狼，而是依旧在做自己的事情。它们似乎知道，狼群不是来捕食自己的。其实，埃塞俄比亚狼的出现是为了捕食一种体形较小的猎物：藏在地下的老鼠。在埃塞俄比亚狼找寻美味的啮齿动物时，狮尾狒提供了不少帮助——当狮尾狒吃草时，会惊动洞穴里的老鼠，这样一来，狼就更容易抓住老鼠了。

据统计，埃塞俄比亚狼在没有狮尾狒帮助的情况下捕捉到啮齿动物的概率只有25%；而在狮尾狒附近时，成功率攀升至67%。这可真是个不错的合作！

狮尾狒

狮尾狒大部分时间是**坐着吃草**。它们的屁股上有脂肪垫，这样坐着的时候会更舒服。

濒临灭绝的埃塞俄比亚狼

埃塞俄比亚狼和捕获的老鼠

埃塞俄比亚狼是非洲最濒危的动物之一。受栖息地丧失和狂犬病暴发的影响，狼群的规模多年来一直在不断萎缩。2014 年，科学家进行了努力，试图让它们吞下狂犬病疫苗。科学家将药物藏在不同类型的食物中，这些食物包括鼠肉和羊肉。利用最新的研究成果，科学家正在努力恢复这种狼的种群规模。

牛椋鸟

牛椋鸟会帮助部分大型哺乳动物摆脱身上的寄生虫。同时，这种鸟也有自己的口味偏好。

牛椋鸟的巢穴里有草、干燥的粪便，以及从哺乳动物身上拔下来的毛。

在非洲水牛身上的黄嘴牛椋鸟

红嘴牛椋鸟和黄嘴牛椋鸟正栖息在一头雌性河马的背上，旁边的河马宝宝正沐浴着冬日的阳光

对于高大的长颈鹿和健壮的犀牛来说，想靠自己的力量把身上的虱子弄掉是一件非常有挑战性的事情。尾巴只能赶走一部分虫子，剩下的要怎么办呢？幸运的是，对于非洲大草原上许多大型哺乳动物来说，有一种被称为“牛椋鸟”的鸟类可以帮助它们。

牛椋鸟经常会栖息在那些体形巨大的动物身上，用自己的喙啄掉蜱虫、苍蝇和蛆等。牛椋鸟获得了富含蛋白质的一餐，而哺乳动物又除掉了那些令其困扰无比的寄生虫——这真是双赢的合作。牛椋鸟可不光会在这些动物身上享用到“虫子大餐”，还会以从哺乳动物身上的伤口中流出的血液为食。牛椋鸟一方面有助于保持哺乳动物体表的清洁，另一方面也会影响其伤口的愈合。

尽管如此，牛椋鸟对哺乳动物来说还是利大于弊的。除了驱虫，它们在受到惊吓时还会发出咝咝声，这种叫声可以提醒哺乳动物有潜在的危险。怪不得这些大型哺乳动物会甘于背着这些长着羽毛的朋友站在那儿呢！

“这条非洲岩蟒正在倒木上缓缓爬行。它可真美。”

——德雷克·朱伯特与贝弗利·朱伯特

精彩时刻之
“啊”

动物小知识

短趾雕的英文名称（Short-toed Snake-Eagle）来源于它们**最喜欢的食物——蛇！**

绿猴遇到某些捕食者**（如豹、鹰和蛇）**时，会发出**相应的警报声，以提醒同类躲避。**

斑马是角马的**好朋友：**斑马吃完较硬的草以后，角马就能比较容易地吃到那些柔软多汁的草了。

科学家曾在硕鬣狗的巢穴中发现了**被嚼碎的狮骨，**这表明这两种肉食性动物在**数万年前**就已经相互为敌了。

翻车鱼依靠海鸟来
清洁皮肤上的寄生虫。
这种鱼会游到水面，侧躺在那里，
等待海鸟开始它们的清洁工作。

獴会一边给疣猪
梳理毛发，
一边吃掉藏在毛发间的蜱虫。

有一种被称为“良氏犬羚”的
小型羚羊会**聆听**
那些站在树枝高处的小鸟的警报声，以此来
判断捕食者的动向。

鬣狗和疣猪
能在一个窝里
和平共处。
只不过鬣狗是在
白天使用这个窝，
而疣猪则在
晚上“接管”它。

西奈斑趾虎
能够在相当于遭到
100 次毒蝎叮咬
的情况下
生存。

终极对决

看一看这些互相对峙的凶猛动物！

狮子与大象

狮子是可以击倒成年大象的动物，但需要数只狮子配合，才能猎杀这种大型动物。

防御圈：大象保护小象的方式是把小象围在象群中间。成年大象集体面朝外站立，亮出它们的象牙，以抵抗狮子的攻击。

埋伏：为了避免被大象的象牙扎到，狮子往往从大象后面进攻。它们会以体形较小的母象、小象、老弱的大象为目标发动攻击。

豹与山魈

豹有时会猎杀山魈，不过一般不会这么做。虽然这种“大猫”比山魈更大、更有力量，但却是孤军奋战，而山魈则会“组团”进行反击。

会爬树的杀手：夜幕降临后，豹便会爬上高高的树，捕食那些熟睡的山魈。豹迅速朝山魈的脖子咬下去，今天的晚饭就到手了。

群体策略：非洲野犬会成群结队地捕猎或抢夺猎豹等动物捕捉的猎物。

猎豹 与 非洲野犬

胆小的“大猫咪”：当猎豹杀死猎物后，体温会升高。这是为什么呢？科学家认为，这可能与猎豹担心其他捕食者会抢走自己的食物而产生压力有关。

猎豹的一身“装备”是为速度而生的，而不是为了打斗。如果一群非洲野犬试图抢走猎豹的食物，那猎豹可能会灰溜溜地跑开。

体形最大的猴子：一群长着獠牙的山魈能吓跑一只豹。

鳄鱼 与 河马

鳄鱼和河马经常在同一片湖泊中活动。大多数时候，它们谁也不理睬谁。但是，如果鳄鱼试图捕食小河马，那么这种爬行动物可要小心了。河马的大嘴可能会把鳄鱼咬成两半！

强大的咬合力：为了撕开猎物，鳄鱼会一边咬住猎物，一边旋转身体。

恐怖的牙齿：河马的下犬齿很锋利，可以长到 60 厘米长。

西非红疣猴和戴安娜长尾猴

两种猴子在雨林中“联手”。

西非红疣猴

在非洲科特迪瓦茂密的雨林中，西非红疣猴是黑猩猩最喜欢的猎物之一。当黑猩猩狩猎时，西非红疣猴便会去寻找它们的小伙伴——戴安娜长尾猴。戴安娜长尾猴以超级响亮的叫声而闻名。当黑猩猩在附近时，戴安娜长尾猴便会发出很大的叫声，以确保周围的动物都能听到。这样一来，所有的小猴子便会迅速窜到高高的树上去。这些树枝太细了，黑猩猩是不可能爬上去的。

尽管看上去西非红疣猴在这种合作中获益更多，但戴安娜长尾猴也会在其他方面受到西非红疣猴的帮助。通过合作，西非红疣猴和戴安娜长尾猴都可以保护自己免受来自天空和地面的威胁。

狩猎中的黑猩猩

人们经常看到黑猩猩吃水果、白蚁和树叶，其实黑猩猩也吃肉。生活在不同地方的黑猩猩还会使用不同的狩猎技术。在科特迪瓦的雨林中，雄性黑猩猩成群结队地外出狩猎，以猴子、猪、小型羚羊等为食。在塞内加尔，猎物不容易获得，因此雌性黑猩猩也会参与狩猎。有时，它们会折断树枝去戳躲在树上的婴猴。婴猴体形娇小，只有松鼠般大小。当它们从树洞中跑出来后，黑猩猩便会立即扑上去，捉住它们。

对戴安娜长尾猴来说，**母女关系是非常牢固的。**只要猴妈妈还活着，雌性后代就会一直和妈妈生活在一起。

可怕的叫声

我们是如何知道猴子“组队”是为了免受黑猩猩攻击的呢？科学家用扬声器播放了不同捕食者的声音，同时观察猴子的反应。当研究人员播放到黑猩猩的叫声时，西非红疣猴急忙去找戴安娜长尾猴，而豹的声音却没能引起同样的反应。

与朱伯特夫妇一起旅行

狮子和鬣狗之间的战争已经持续了数万年。它们的大部分战斗是在夜间进行的，因此对于这种竞争的记录并不多。20 世纪 80 年代，我们开始对狮子和鬣狗进行全天候拍摄。看到影像后，我们才了解到它们是多么令人惊讶，多么令人着迷，甚至令人不寒而栗。

鬣狗虽然是自给自足型的“猎手”，但有时也会跟踪其他捕食者，希望能“抢到”猎物。例如，鬣狗会从狮子那里偷取猎物。一天晚上，我们观察到一个由 8 只母狮组成的狮群，它们捕猎了几个小时都没有成功，虽然已经筋疲力尽，但捕猎行动仍在继续。最后，狮群终于抓到了两只黑面狷羚，那是一种体形较大的羚羊。有几只狮子跑去接小狮子，想让小家伙们也享用美食。

就在狮子带着孩子们回来的时候，一大群鬣狗冲了过来，这真是令人毛骨悚然的一幕。要知道，这群鬣狗可以轻易杀死小狮子。母狮们带着小狮子逃到了附近的树丛里。在那里，它们只能看着鬣狗啃食它们辛苦捕来的猎物。虽然狮子们饥肠辘辘，但至少它们活了下来。

不过，鬣狗并不总是能赢得战争。我们永远不会忘记那个早晨——两只母鬣狗决定挑衅我们一直跟随的狮群中的一只雄狮。它是一只很大的狮子，但被鬣狗吓到了。鬣狗的洞察力非常强。它们可以通过观察狮子低下头和收起后腿的行为来判断其是不是害怕了。鬣狗一直追着狮子跑，不断地叫着，还一直找机会攻击它。

远远地，我们看到这只狮子的一个伙伴正向着我们的方向冲过来。只见它冲向其中一只鬣狗，全速追赶它。只用了几秒，这只狮子就把鬣狗打倒了。这对鬣狗群体来说是一个巨大的损失，因为那只被打倒的鬣狗是它们的领袖。在几米外的地方，我们记录下了这一切。

暮色中的长颈鹿

第四章

动物之谜

科学家是大自然中的侦探。大自然中有许多谜题，而科学家则花了大量时间试图去找出这些谜题的答案。这些谜题有很多和动物有关。例如，斑马为什么有条纹？长颈鹿为什么有长长的脖子？当然，长脖子可以帮长颈鹿够到树顶的树叶，但这是长脖子的主要功能吗？

为了找出诸如此类问题的答案，科学家在野外观察动物，并进行了一些实验。有时，他们的发现或实验结果与预测相符；也有很多时候，结果完全出乎意料。虽然我们可能无法知晓所有问题的答案，但我们永远不会停止探索！

长颈鹿的长脖子

长颈鹿怎么会有如此长的脖子？

长颈鹿的脖子在动物界中是最长的，而且长度遥遥领先！ 成年长颈鹿的脖子长约 2 米，这个长度能让长颈鹿吃到其他植食性动物够不到的树叶。这是长颈鹿的脖子为什么这么长的原因吗？著名生物学家达尔文在 19 世纪前用进化论对此进行了解释，但并非所有的科学家都对此表示认同。还有什么原因使得这种植食性动物的脖子进化到如此长度呢？下面是一些不同的说法。

长脖子？长腿！

长颈鹿的脖子特别长，腿也特别长。人们曾认为，长颈鹿进化出长脖子有助于“越过”长长的前腿，低下头喝水。但考古学家根据长颈鹿化石，发现它们的祖先长着长腿和短颈，于是这一说法被推翻了。因为长颈鹿的祖先喝了几百万年的水，却并没有借助超长的脖子。

分开前腿是长颈鹿能喝到水的唯一方式

为了够到树叶？

很多时候，长颈鹿并不会去吃高处的树叶；相反，它们取食的植物叶片大部分是与自己齐肩高的。这使得一些科学家对达尔文阐述的长颈鹿长出长脖子有助于进食这一观点提出质疑。

巨人之战

有的学者认为，长颈鹿的长脖子是为战斗而进化出来的。雄性长颈鹿通过“脖斗”争夺雌性长颈鹿——雄性长颈鹿通过摆动自己的脖子，用头捶打对方。在这些战斗中，拥有较长的脖子可能就成了一种优势。

保持凉爽

长颈鹿的脖子是否有助于保持凉爽？长颈鹿体形高大且相对纤细，这使得它们在站立时，身体的相当一部分不会直面阳光。而那些身型宽大的动物就没有这一优势了。大长腿也有助于长颈鹿抵御炎热——它们将长颈鹿身体的大部分高高“举起”，远离炙热的地面。

观察斑点

长颈鹿的斑点就像人类的指纹一样——没有两只长颈鹿长着相同的斑点。这些棕色的斑点可以帮助长颈鹿进行伪装，斑点下聚集的非常细密的毛细血管可以帮助长颈鹿散热。

狮子的鬃毛

雄狮为什么有鬃毛？

如果让你描述一只狮子，你首先想到的是哪些特征呢？狮子的鬃毛可能会是你第一个想到的特征。狮子，尤其是雄狮，是唯一拥有鬃毛的大型猫科动物。但是这种鬃毛到底有什么作用呢？

在雄狮打斗时，又长又浓密的鬃毛有助于保护狮子的脖子。鬃毛还能帮助其他狮子在很远的地方就能看到正在守护领地的雄狮，以提醒它们保持距离。除此之外，狮子的鬃毛还可以透露关于年龄和健康的信息。科学家一直想知道关于这方面的信息，于是在20世纪90年代，一个研究小组想到可以通过一个很有创意的实验来探寻答案。

一只雄狮正在自己的领地上巡逻

以假乱真的鬃毛

研究人员找到一家玩具公司，制作了像真狮一样的毛绒狮子，并给其配上了不同长度、不同颜色的可拆卸的鬃毛。他们计划把这些假狮子放到真狮子附近，通过播放鬣狗捕猎时发出的声音，将真狮子引诱到假狮子旁边。真的奏效了！狮子们循着鬣狗的声音而来，希望能抢到“免费”的食物。然而，它们没找到食物，却找到了毛绒狮子。

真狮子是否会接近假狮子，主要取决于假鬃毛的长度和颜色。短小、色浅的鬃毛可能意味着这只狮子最近受过伤。当发现一个短鬃毛的雄狮玩具时，雄狮更有可能去接近它——甚至去攻击它。同样，雌狮也对假狮子感兴趣，会打量它们适不适合做伴侣。雌狮更愿意选择有着深色鬃毛的狮子——这是成熟和健康的标志。看来，科学家的猜想是正确的：狮子确实会关注鬃毛。

一只母狮正在接近毛绒狮子

狮子的鬃毛有长有短，颜色从近乎白色到近乎黑色不等。

没有鬃毛的雄狮

在肯尼亚察沃国家公园，许多雄狮没有鬃毛。鬃毛为什么会消失呢？一些科学家认为，那些蓬松的毛发是被带刺的植物扯掉了。还有人认为，这些没有鬃毛的狮子可能是狮子的另一个亚种。或许还有一种可能：察沃国家公园的狮子只是鬃毛长得比较晚而已。

其他有鬃毛的动物

来看一看另外几种有鬃毛的动物吧！

当**土狼**感觉到危险时，就会竖起鬃毛，让自己看起来更大、更具威胁性。

有的**角马**的鬃毛是毛茸茸的，有的则摸起来有点儿扎手。

斑马的鬃毛是黑白相间的。

寻蜜小帮手

响蜜䴕是如何学会带领人类找到隐藏的蜂巢的？

很久以前，非洲的寻蜜者便和一种叫“响蜜䴕”的鸟达成了合作。这种鸟会把人们引到隐蔽的蜂巢处。作为回报，人们会给它们食物——不是蜂蜜，而是蜂蜡！这真是绝妙的交易！为了找到满是蜂蜜的蜂巢，人们需要这种鸟；而为了从蜂巢中得到蜂蜡，响蜜䴕也需要人类。通过合作，人类和响蜜䴕得到了各自想要的东西。

从寻蜜者第一次与响蜜䴕合作到现在，可能已经有几百年了。这种做法在很多地方已经消失了，但有少部分人还在依靠野生鸟类寻找蜂蜜。莫桑比克北部的一个部落还在沿用这种方式。部落中的年轻男子通过发出特有的声音召唤这种鸟。部落的人说，他们从父辈那里学会了这种特殊的叫声，而他们的父亲又是从他们的爷爷那里学会了这种叫声。没有人知道这种方式起源的具体时间和缘由。

更令人费解的是，这种鸟到底是如何识别这种叫声，并确切地知道接下来要做什么的呢？响蜜䴕的雏鸟不是从它们的父母那里学来的，因为它们的父母并不会养育它们。雌性响蜜䴕有时会把蛋产在一种叫“蜂虎”的鸟的巢里，然后就不管了。当响蜜䴕的雏鸟孵化后，蜂虎父母会照顾它们。因此，至今也无人知道，响蜜䴕雏鸟是怎样学会这项本领的。

雄性响蜜䴕

研究发现，响蜜䴕会飞到人身边，并辅助人们找蜂蜜。

研究人员与一只雄性响蜜䴕

蜂蜜在这里

让我们来看一看响蜜䴕是如何找到隐藏的蜂巢的吧！

第一步： 寻蜜者先用叫声召唤响蜜䴕，然后跟着响蜜䴕走，一边走，一边重复这种特殊的声音。一旦响蜜䴕发现了蜂巢，就会甩动尾巴或一直发出叫声来提醒它的人类同伴。

第二步： 寻蜜者得先把蜜蜂轰走。他会将一捆用树叶包裹的木头绑在一根长杆上，再把这捆木头点燃，然后将长杆吊在蜂巢旁边，蜜蜂闻到烟味就立刻逃走了。

第三步： 如果蜂巢在比较高的树枝上，寻蜜者就会把树砍倒。

第四步： 接下来，他会切开蜂巢，取出蜂蜜。

第五步： 是时候犒赏一下我们的“蜂蜜向导”——响蜜䴕了。寻蜜者将收集到的蜂蜡放到了一堆树叶上。味道真不错！

侥幸逃脱

跑得慢的动物是如何“跑赢”这些极速猎手的？

尽管猎豹是毋庸置疑的极速猎手，但羚羊的速度有时也很快。这种擅长奔跑的大猫平均每三次尝试中只有一次能抓住它们的猎物。为什么跑得慢的动物有时候能甩掉那些跑得更快的捕猎者呢？

为了找到答案，科学家研究对比了猎豹追赶黑斑羚和狮子追赶斑马时的情景。研究人员将追踪项圈系在 28 只动物身上，其中包括 5 只猎豹、7 只黑斑羚、9 只狮子和 7 只斑马。这些项圈记录了几年间、数千次的极速追逐。

一只小猎豹正在追逐一只小汤氏瞪羚

出其不意的急转弯

这些数据给我们展示了一个有趣的结果。黑斑羚和斑马在试图逃离捕食者时，通常只以其最高速度的一半奔跑。以这种速度跑，可以让这些动物在被捕食者逼近的最后一刻来个急转弯。这种出其不意的转弯有时足以让它们获得一线生机。

科学家表示，这些动物具有协同进化关系。随着时间的推移，它们也都变得更强大、速度更快。狮子和猎豹必须追上它们的猎物才有饭吃；黑斑羚和斑马也需要逃掉才不会被吃掉。

学到了吗？下次再玩“抓人”游戏时，你可能不需要跑得很快。相反，你可以放慢速度，让追赶者靠近你，然后突然来个急转弯。

到底有多快？

如今，科学家可以通过高科技跟踪设备了解不同动物的奔跑速度。以前没有这种设备时，科学家会开着车，一边跟着奔跑的动物，一边观察车速表。1997 年，一位科学家在约 200 米的路程中给猎豹计时，测出了它的奔跑速度。当猎豹试图追上一辆拖着一块肉的车时，它的奔跑速度达到了 105 千米 / 时。即使没有高科技工具，科学家还是设法“捕捉”到了猎豹惊人的速度。

斑马的条纹

斑马为什么有条纹？

奔跑中的斑马扬起了沙尘

对于那些试图躲避捕食者的动物来说，拥有一身醒目的皮毛似乎不是什么好事。那么，斑马长着这身醒目的条纹到底是为了什么呢？事实上，这些条纹对斑马来说可能有很多用处。

绕道而行的飞虫

很多昆虫接近黑色或棕色的马时会放慢速度，小心翼翼地降落在它们身上。而当其接近斑马时，并没有放慢速度，通常会直接飞走。能防止这些昆虫靠近真是太棒了，因为非洲的马蝇和舌蝇会传播疾病，这对斑马来说是致命的。

我认出你了！

就像指纹一样，每只斑马的条纹都是独一无二的。小斑马会通过辨认条纹从斑马群中找到自己的妈妈。

条纹视觉效果

虽然黑白条纹对我们来说很显眼，但对于捕食斑马的狮子和鬣狗来说可能并非如此。斑马可能是通过条纹来“打乱”身体的轮廓，从而达到迷惑捕食者的目的。此外，当斑马成群结队地奔跑时，条纹会让它们看起来融合在了一起，捕食者要想从中挑选一只“下手”是很不容易的。

有股鱼腥味

是什么原因导致东非马拉河里死了这么多鱼？

当很难找到食物时，河马能**好几周不吃东西**。

马拉河养育了数百万只动物，其中包括约 4000 只河马。这些河马整天泡在水里，到了晚上，它们会到陆地上吃几个小时的草，然后又回到河里。

河马在马拉河的河岸边休息

马拉河边的河马

恶臭周期

研究马拉河的科学家被一个问题难住过。每当水位上升几米，马拉河的某段流域中就会出现死鱼——有时甚至会出现成千上万条。当地人怀疑是附近农场的杀虫剂渗入水中造成的。这只是一种猜测。

于是，科学家开始对河马聚集区域的河段进行监测，这些河段被称为“河马池”。有一天，科学家经过统计发现，大群河马将重约 8000 千克的粪便排入水中，有河马粪便堆积的水中会缺氧并充满有毒的化学物质。如果下大雨，河马池里的水就会溢出，将腐臭的水“推”到下游。结果就是：河水中的氧气减少，鱼类无法生存。

但马拉河的生态系统很快就恢复了。秃鹫和鳄鱼吃掉了死鱼，河马的粪便被流动的水冲走，水里又有了足够的氧气。

一段危险的旅程

每年会有超过 100 万只角马在肯尼亚和坦桑尼亚之间往返。在往返过程中，角马要横穿马拉河。然而角马的游泳能力不强，因此会有成千上万只角马在渡河的时候淹死，或者被捕杀。它们的尸体“滋养”了塞伦盖蒂的野生动物——鳄鱼、秃鹫和鬣狗会享用这些尸体。随着尸体的分解，它们还为细菌和藻类提供了营养，而细菌和藻类又是水中鱼类的食物来源。慢慢地，水中的一个“循环系统”就形成了。

一群迁徙的角马

动物小知识

认识一下这几种动物吧!

有的黑腹裂籽雀的嘴很小，有的嘴很大。这是为什么?

长着大嘴的黑腹裂籽雀比小嘴的黑腹裂籽雀能吃更硬的种子。在同一个地区，如果硬壳种子多，那么大嘴的黑腹裂籽雀可能就会多。

牛会“哞哞”叫，绵羊会“咩咩”叫。长颈鹿是怎么叫的呢?

长久以来，人们认为长颈鹿不会叫，但后来研究人员给长颈鹿录了一整晚的音，并通过专业仪器发现，它们其实会发出“嗡嗡”声。但由于这种声音音频太低，人类无法听到。

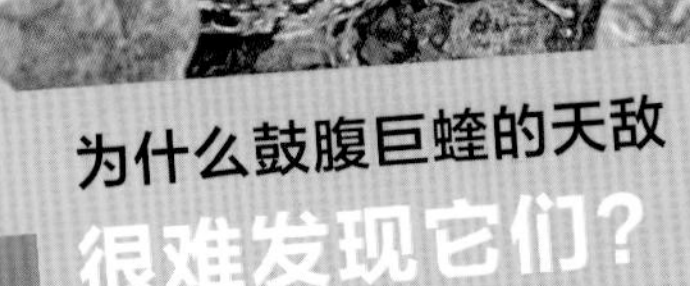

为什么鼓腹巨蝰的天敌很难发现它们?

像许多蛇一样，鼓腹巨蝰利用皮肤颜色与周围的环境融为一体。科学家还发现，这种蛇会“气味伪装”。换句话说，它们可以掩盖自己的气味!

为什么某些雄性黑猩猩会用大石头砸树干？

这种行为只在西非有记录。专家说，这可能是一种力量的展示，或者是一种标记领地的方式。

为什么大象的皮肤有这么多皱纹？

大象没有汗腺。为了保持凉爽，它们会用水或泥土来包裹皮肤——有皱纹的皮肤比光滑的皮肤能更好地保存水分。

很多植食性动物在非洲大草原上觅食，那里的植物够吃吗？

尽管大象、斑马、黑斑羚和水牛都吃植物，但每个物种有自己的口味偏好。通过分析每种动物的粪便，科学家可以了解每种植食性动物的饮食结构。

科学家在100多年前曾提出，多鳍鱼是通过头上的小孔进行呼吸的。这是真的吗？

是真的！最近一项研究发现，这种鱼大部分时间通过其头顶上的两个小孔呼吸，其余时间则通过鳃呼吸。

这就是蝙蝠

每年有数以百万计的蝙蝠在一片小小的森林里相遇。它们是从哪儿来的呢？

当太阳落下时，在赞比亚的卡桑卡国家公园，几只蝙蝠飞上了天空。不一会儿，又来了更多的蝙蝠——几百只，然后是几千只，最后是几千万只。天色渐渐暗了下来，蝙蝠们四处飞舞，尖叫着，拍打着翅膀。经过一整天的休息，它们已经清醒了，准备开始吃东西。

这个场景虽然看上去可能有点儿恐怖，但确实太壮观了！这种蝙蝠被称为“黄毛果蝠”，以花、叶，还有水果为食。黄毛果蝠有着丝绸般的皮毛、大大的眼睛和巨大的翅膀。因为这巨大的翅膀，它们也被称为“巨型蝙蝠”。

黄毛果蝠

水果大餐周期

要想在卡桑卡国家公园看到蝙蝠聚集，你必须挑对时间。蝙蝠每年在卡桑卡国家公园只待几个月。蝙蝠在 10 月底开始抵达，一个月后，至少有 800 万只蝙蝠会挤在一片森林里。到了 1 月初，这些蝙蝠就会消失。没人知道它们去了哪里。

虽然行踪神秘，但蝙蝠来到卡桑卡国家公园的原因很简单。每年底，那里的树上会结满果实。蝙蝠在国家公园生活期间，白天通常在树上休息，到了晚上会大吃特吃，每只蝙蝠吃掉的水果的重量可以达到自己体重的两倍。

蝙蝠并不是唯一从卡桑卡国家公园受益的物种。当它们狼吞虎咽地吃水果时，也吞下了水果的种子。种子将随蝙蝠粪便散布到各地，确保以后还会有更多树木和美味的水果长出来。

在卡桑卡国家公园飞行的黄毛果蝠

从数据看：蝙蝠迁徙

蝙蝠数量：
约800万只

每晚吃掉的水果的重量：
约5400吨

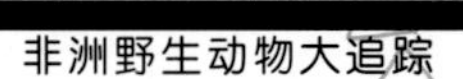

精彩时刻之
“啊”

“我们拍到了这只母狮在奥卡万戈三角洲追逐水牛的场景。”

——德雷克·朱伯特与贝弗利·朱伯特

消失在汪洋中

大白鲨为什么会从南非福尔斯湾消失？

在南非著名的福尔斯湾，下面的一幕已多次上演：海面像炸裂了一般，一条鲨鱼冲出水面，用锯齿状的牙齿紧紧咬住一只海豹。这里的大白鲨会直接冲上去捕捉在水面附近游泳的海豹。鲨鱼的冲劲儿能把海豹顶到约 3 米高的空中。

多年来，数以千计的人前往南非，就为了目睹“飞鲨”一幕。但从 2015 年开始，人们看到大白鲨的次数大大减少。

在南非福尔斯湾，一条大白鲨正在追赶一只海豹

年幼的大白鲨吃鱼，也吃其他鲨鱼。**成年大白鲨更喜欢吃海洋哺乳动物**，如海狮和海豹。

“消失”的捕食者

福尔斯湾的大白鲨数量减少的原因究竟是什么？人们对此说法不一。以大白鲨为食的虎鲸曾在该地区出没，很多大白鲨可能因此逃走了，但这也可能与捕鱼业有关。大型渔船会捕走很多鱼，以至于饥饿的大白鲨不得不离开，去别处寻找更多的食物。

当一个顶级捕食者从生态系统中消失时，必然会产生一系列后果。例如，其猎物的数量会急剧增加。但是没有人预料到在福尔斯湾发生的事情。随着大白鲨的减少，另一种鲨鱼开始出现——被称为“活化石”的七鳃鲨。七鳃鲨因两边各有 7 个鳃裂而得名。

大白鲨是否会重返福尔斯湾？许多人还对此抱有希望。

比比看

看一看大白鲨和七鳃鲨的差异吧！科学家表示，如果大白鲨回到福尔斯湾，七鳃鲨可能不得不离开该地区，因为大白鲨会捕食它们。

	大白鲨	七鳃鲨
最大长度	约6米	约3米
最大体重	约2200千克	约107千克
牙齿数量	约300颗	约29颗

大白鲨

七鳃鲨

与朱伯特夫妇一起旅行

如果你想通过一个有趣的角度拍摄草原上的动物，那么只要在水坑边架起摄像机，然后站在摄像机后面就行了。当我们在20世纪80年代拍摄斑马时，这种技术还不存在。为了在不被发现的情况下近距离拍摄跟踪的动物群，我们想出了一个方法——把一条带有斑马条纹的毯子中间剪一个洞，将其套在身上做伪装。这招很管用！我们轮流套上毯子——这样就能与斑马群融为一体，然后趁机拍摄它们的行动了。

有一次，我们目睹了一场不寻常的救援行动。那天，斑马群迁移到了卡拉哈里沙漠，雨季时，那里的野草富含丰富的矿物质。我们看着这些斑马一起前进，突然注意到了令人担忧的一幕。一只母斑马死了，它的孩子接下来只能靠自己。只见这只小斑马径直走到我们面前。我们很担心它，但绝不会做出干预和破坏野生动物自然行为的事情。公斑马通常不会照顾小斑马，因此当我们看到一只公斑马离开马群去接小斑马时，感到非常惊讶。起初，小斑马不愿意跟它走，但这只公斑马显然不愿意放弃。它围着小斑马转，轻轻地碰它，以引起它的注意。经过几个小时的努力，这只公斑马终于赢得了小斑马的信任。这对斑马消失在黑暗中，我们也终于松了一口气。

我们昼夜不停地拍摄这些动物，白天和它们待在一起，晚上就跟踪狮子等大型猫科动物，因为它们会在晚上捕食斑马。但我们意识到，要想拍摄到好的画面就得采取不同的方法。通过拍摄狮子猎杀斑马，我们讲述的只是一个片面的故事，而要想真正了解斑马的生活，我们得通过它们的眼睛来感受夜晚。

于是，在漆黑的夜里，我们开车靠近斑马群。德雷克从车上下来，越过高高的草丛，在斑马身后不超过10步的地方走着。他听到了斑马的声音，感受到了它们的存在。每当一片草叶动一下时，他就差点儿要跳起来，因为他知道这很可能是一只狮子在靠近。那天晚上，德雷克经历了斑马高度警戒的状态，特别是在它们可能被捕食的黑暗时刻。这提醒我们，当自己设身处地、换上对方的装束时，真的能大开眼界。

揭开动物的神秘面纱

你可能听说过：当鸵鸟遇到危险时，会把头埋进沙土里；河马总是在游泳；鬣狗是“拾荒者”，专门收集残羹剩饭，而不会自己捕猎。这些“事实”已经流传了很多年，但有一个问题——它们都不是真的！

这些谣传到底从何而来？很多时候，事情的真相并不是看上去的那样。尽管鸵鸟可能会把头埋进沙子里，但据科学家说，它们这样做有其他原因，例如，进食一些小的沙子或石子可以辅助消化；河马确实大部分时间是在水中度过的，但你仔细观察就会发现，它们并不是在游泳，而是站在水里；而对鬣狗的研究表明，这些肉食性动物不但有能力自己捕猎，而且经常捕猎。准备好探索这些意想不到的动物真相了吗？让我们开始吧！

好斗的河马露出獠牙

深深的误解

这些动物“口碑”很差，但其实它们并没有做错什么。

非洲野犬**大而圆的耳朵**能帮它们听见远处的声音，还能在炎热的日子里帮助散热。

鬣狗

鬣狗经常被大家厌恶。长期以来，人们认为这种肉食性动物是鬼鬼祟祟的“食腐者”，甚至在小说作品中，鬣狗也被描绘成凶恶和愚蠢的形象。而研究鬣狗的专家表示，这种动物被人们误解了。首先，鬣狗不仅仅是食腐动物。它们确实会以其他肉食性动物的残羹剩饭为食，但在它们的食谱中，自己捕杀的猎物占了大部分。

斑鬣狗在肉食性动物中是很聪明的。这种鬣狗具有超强的社会性，而在一个复杂的“社会”中生存非常需要脑力。斑鬣狗群通常由一只雌性斑鬣狗领导。族群中有严格的“权力结构”，每只斑鬣狗都有属于自己的位置。例如，级别低的斑鬣狗会在级别高的斑鬣狗进食的过程中负责警戒。

斑鬣狗也在实验中展示了它们的聪明才智。当给它们一个装着食物的铁盒时，它们会通过不断尝试去找到打开铁盒的方法。聪明、社会性强、不仅仅是简单的食腐动物……除了这些，斑鬣狗还有什么会让我们感到惊讶呢？

鬣狗宝宝

非洲野犬

当地居民给非洲野犬贴上了“魔鬼之犬”的标签，因为它们是“无情的杀手”。非洲野犬的确是成功的猎手，如果它们瞄准了4只猎物，大部分情况下，至少3只会被它们捕获。也有人认为这种肉食性动物的坏名声来得毫无道理。它们很合群，也很大方。这种动物成群结队地生活和狩猎，如果受伤的成员无法加入狩猎，健康的成员会在返回巢穴时吐出一些食物给它们。动物保护主义者将其称为“painted dog（杂色犬）”，以凸显这种动物的特点——它们身上有斑点，而且还是3种颜色的呢。

秃鹫

在野外，秃鹫会在天空中翱翔，寻找动物的尸体，找到后便会大快朵颐。虽然吃腐烂的尸体可能听起来很恶心，但秃鹫的这种行为起到了净化环境的作用，同时有助于防止疾病传播。

许多人没有意识到秃鹫在生态系统中发挥的重要作用。一项研究表明，非洲的秃鹫的数量在过去几十年中急剧下降。有时，这种鸟会被毒死。例如，人们在动物尸体上投毒，想要杀死会攻击牲畜的肉食性动物（如鬣狗），而吃了动物尸体的秃鹫也被毒死了。有时，秃鹫也会成为偷猎者的目标。非法盗猎的人借在大象尸体上投毒来杀死它们，这样它们就不会在上空盘旋，也就不会引起公园管理员的注意了。动物保护主义者正努力通过宣传秃鹫在生态系统中的重要位置来保护它们。

秃鹫

它们生活在哪里

有些动物生活的地方不同寻常。

住在山里的猴子

你很难看到狮尾狒在树枝间荡来荡去，吃水果和种子的情景，因为这种灵长动物生活在埃塞俄比亚的高原地区。它们白天在草地上拔草吃，晚上在悬崖边睡觉。睡在山崖边可能听起来不可思议，但它们这样做可以有效躲避那些游荡的豹和鬣狗。这两种动物往往在夜间捕猎。

在埃塞俄比亚的瑟门山国家公园中，一只雄性狮尾狒坐在悬崖边

林羚

生活在沼泽中的羚羊

青蛙、乌龟和羚羊，哪一种可以在沼泽中被找到？如果你认为都能被找到，那么恭喜你，答对了。虽然羚羊不是典型的“湿地居民”，但林羚是一个例外。林羚的 4 只蹄子长且宽大，还向外张开，脚踝关节柔软又有韧劲儿，因此，林羚擅长在柔软的地面和水中行走。而在干硬的地面上，林羚可以算是“笨拙的跑者”。林羚躲避狮子等捕食者的最佳方法就是待在水中——它们每天都会在湿地的最深处待很长时间，有时还会把身体的大部分浸入水中。

沙漠之王

位于非洲西南海岸的纳米布沙漠对狮子来说似乎不是一个理想的生存之所。几个月过去了，这里没下一滴雨。然而，有狮群却在这里安了家。它们为什么选择生活在这样一个有时几周都没有水喝的地方？科学家猜测，这些狮子可能是为了躲避人类才搬到沙漠中的，特别是为了躲避那些为保护牛群而猎杀狮子的养牛人。这可不是一种轻松的生活，但这些狮子已经向我们表明，它们可以接受这个挑战。

纳米布沙漠中的雄狮

危难中的企鹅

在普通人的印象中，企鹅往往是在冰天雪地的南极洲生活，但其实，某些种类的企鹅生活在相对温暖的环境中。在非洲的西南海岸，我们就发现了一种企鹅——非洲企鹅（也叫“斑嘴环企鹅”）。这种企鹅体形较小，体重一般不超过 5 千克。一个世纪前，这个地区有约 150 万只非洲企鹅，但后来，这一物种的数量急剧减少。专家说，捕鱼业是造成企鹅数量减少的一个原因，因为渔船“夺走”了企鹅的大部分猎物。环保主义者正努力为这种特殊的鸟提供保护。

企鹅在南非开普敦附近的海滩上散步

吃饭时间到了

动物的食谱上有些什么呢？

河马

饥肠辘辘的河马

河马的体形很大。像大象和犀牛一样，河马被认为是植食性动物，但有时，人们也能观察到某些河马以一些动物为食，包括黑斑羚、角马和斑马。河马会不会更爱吃肉？因为河马总是在夜间上岸觅食，所以它们上岸后吃了什么，很多时候我们看不到，很可能其食谱中的一些“肉食”被我们忽略了。也有一种可能是河马太饿了，吃肉是填饱肚子的最后一招。

一只土豚正在探索白蚁丘

土豚的秘密生活

研究土豚并不容易。一天中的大部分时间，这种动物是在地下约 10 米长的洞穴中度过的。到了晚上，想要发现它们也是一种挑战，因为土豚的眼睛并不像很多其他动物的眼睛那样，能在黑暗中“发光”。因此，对人类来说，土豚的习性很神秘。

传说土豚从不喝水，而是从白蚁、蚂蚁和水果中获取所需要的水分。这个说法流传了多年，直到有科学家发现土豚从河流和其他水体中喝水，才否定了这一谣言。

鳄鱼的食谱

尼罗鳄是公认的凶猛的捕食者，能“战胜”沿途遇到的几乎所有动物。但是，尼罗鳄在吃羚羊的时候会不会也想吃点儿“沙拉”呢？答案是肯定的。

当研究人员检查了博茨瓦纳奥卡万戈三角洲的 286 条尼罗鳄的胃内容物后，发现超过五分之一的鳄鱼体内有植物。尼罗鳄最爱的绿色食品有：纸莎草和种子。

尼罗鳄不仅吃各种各样的食物，有时**还吃石头**！石头可以帮助鳄鱼在水中调节沉浮。

这条鱼很可怜——它在奥卡万戈三角洲遇到了尼罗鳄

庞然大物

这些动物也许比你想象的还要大。

你可能知道鸵鸟是世界上最大的鸟，但你是否知道它们的身高呢？你知道河马和一辆运动型多用途汽车一样重吗？让我们一起来看一看这些“大块头”到底有多惊人吧！

尼罗尖吻鲈与钢琴

重约 200 千克

重约 240 千克

非洲岩蟒与加长版豪华轿车

长约 6 米

长约 9 米

成年长颈鹿与一栋带阁楼的房子

高约 5 米

高约 6 米

河马与运动型多用途汽车

重约 2200 千克

重约 2500 千克

狮子与三人沙发

长约 2.1 米

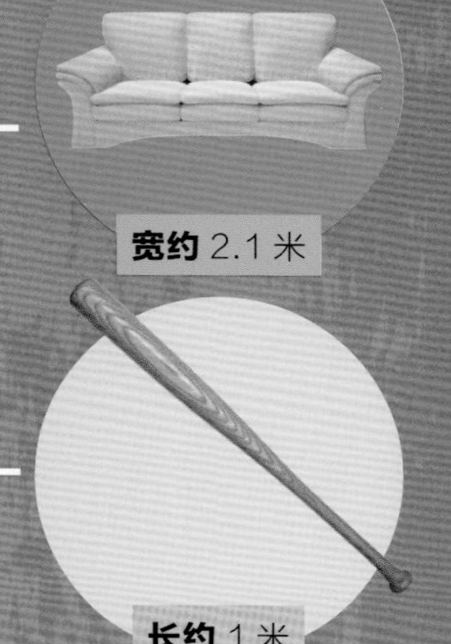

宽约 2.1 米

黄毛果蝠与棒球棒

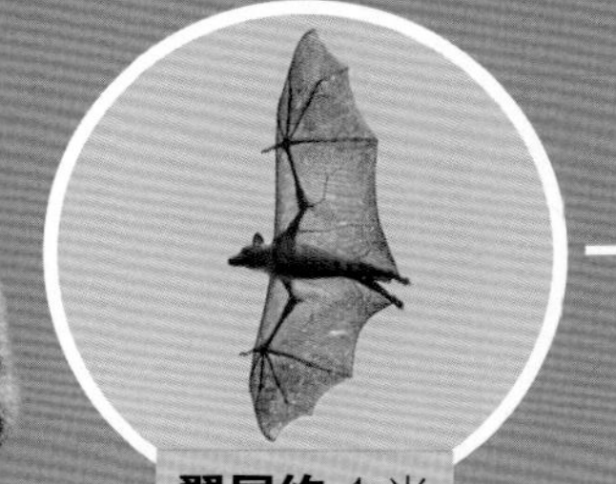

翼展约 1 米

长约 1 米

大猩猩与摩托车

重约 200 千克

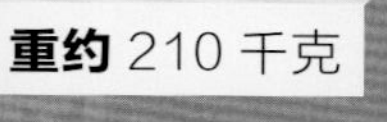

重约 210 千克

皇帝巴布蜘蛛与盘子

腿部跨度约 20 厘米

直径约 15 厘米

动物小知识

这些关于动物的常识其实是错误的。

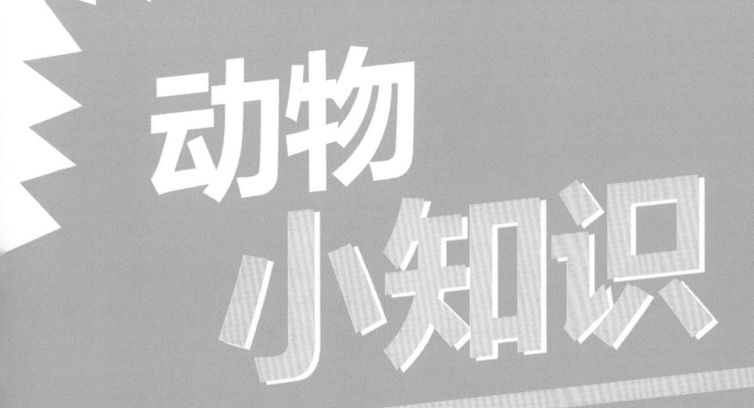

谣言： 所有的爬行动物都是从卵中孵化出来的。

事实： 大多数——但不是所有——爬行动物是产卵的。以加蓬蝰蛇为例，这种蛇一次可产下多达60枚卵，蛇宝宝一出生就会爬。

谣言： 鸵鸟把头埋进沙子里是为了躲起来。

事实： 有时，当鸵鸟在照看蛋时，看起来很像把头埋进了沙子里。

谣言： 斑鬣狗的笑声像人的一样。

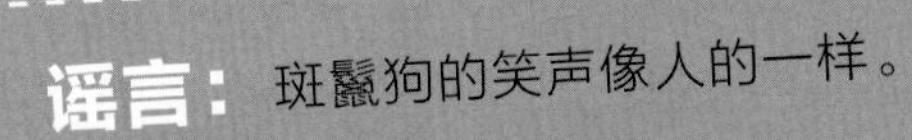

事实： 斑鬣狗那高音调的叫声，在我们听来就像人类的笑声，其实那是斑鬣狗兴奋或受到惊吓时发出的声音。

谣言： 长颈鹿有一个超乎寻常的大心脏。

事实： 长颈鹿的心脏与其身体所成的比例，跟狗或牛的心脏与各自身体所成的比例相同。

谣言： 骆驼的驼峰里装满了水。

事实： 骆驼的驼峰会储存脂肪。当骆驼长时间找不到食物时，会利用驼峰储存的脂肪来维持生命。

谣言： 蝙蝠的眼睛看不见东西。

事实： 蝙蝠可以看到东西！但大部分蝙蝠是在夜间寻找食物，它们用得更多的是耳朵而不是眼睛——它们用回声定位来寻找要吃的昆虫。

谣言： 细尾獴更爱吃蝎子。

事实： 当细尾獴觅食时，其50种食物中可能只有1种是蝎子。

动物们的智商

一些动物以令人惊讶的方式向我们展示了它们的聪明才智。

一只黑猩猩在吃白蚁

使用工具

1960 年，灵长类动物学家珍妮 · 古道尔在坦桑尼亚观察野生黑猩猩时，看到了令全世界科学家震惊的一幕。一只叫“大卫 · 格雷比德”的黑猩猩把一根草捅进一个白蚁堆里，像钓鱼一样把白蚁“钓”出来，然后把它们吃掉。珍妮 · 古道尔知道这是一个重大发现。在这之前，科学家一直认为只有人类才会使用工具。而大卫用草叶作为获取食物的工具这一事实向科学家证实——他们错了。

黑猩猩并不是除人类之外唯一一种会把草、树枝和石头等物体当作工具的动物。古道尔后来在坦桑尼亚发现白兀鹫会用石头砸开鸵鸟蛋。还有人拍摄到刚果的一只大猩猩将一根树枝插入水池中，似乎是为了测试水有多深，后来又用同一根树枝作为拐杖辅助过河。大象也被认为会使用工具。它们有时会抽动树枝驱赶苍蝇，甚至会用一坨被咀嚼过的树皮盖住水坑——也许是为了防止水干涸。

黑猩猩有**可转动的大拇指**和**可转动的大脚趾**，因此它们可以用手和脚抓紧物体。

非洲灰鹦鹉

聪明的小鸟

试想一下，你拿到了两个封闭的容器，并被告知只有一个容器里有坚果。摇动其中一个容器，如果没有声音，你便可以得出结论：另一个容器里一定有坚果。这个处理方式听起来很简单，大多数动物却做不到。一直以来，灵长类动物被认为是唯一能够进行这种推理的动物。后来，科学家对非洲灰鹦鹉进行了测试。无论研究人员先摇动哪个容器——空容器或装有坚果的容器——这种鸟总能知道哪个容器里有坚果。

惊人的记忆力

大象能认出几十年未见的其他大象，并能记住相隔数百千米的水源位置。其实，除人类之外，大象并不是唯一拥有惊人记忆力的动物。

黑猩猩也能够记住大量信息。这种灵长类动物根据种群中的地位来选择互相梳毛的伙伴。梳理毛发不仅可以找出皮毛中的虫子，更为黑猩猩提供了一个建立和发展社会关系的机会。聪明的黑猩猩会充分利用梳毛的机会，挑选一个能帮自己提升地位的伙伴。

两只黑猩猩在互相理毛

精彩时刻之“啊”

“我们叫它‘欢欢’，这个名字来自它喜欢的金合欢树。它大部分时间是一只性情温和的雌豹。在我们拍摄这张照片的那天，它对自己的孩子大发脾气，因为小豹子居然想向我们这些人类寻求保护！”

——德雷克·朱伯特与贝弗利·朱伯特

家庭琐事

这些动物父母的行为绝对超乎你的想象。

羽翼丰满的鸟类

鸵鸟是世界上最大的鸟类，因此可以说，鸵鸟宝宝是从巨型鸟蛋中孵出来的。鸵鸟父母是怎么共同抚养孩子的呢？鸵鸟父母都有孵化蛋的职责——雌鸟白天孵，雄鸟晚上孵。蛋孵化后，这种合作养育的方式仍会继续，父母会一起保护雏鸟不受捕食者的伤害，并为它们提供遮阳的地方。

鸵鸟爸爸正带着它的孩子们散步

一只雌狮在草丛中紧盯猎物

小狮子的摇篮

说到抚养小狮子，雌狮承担了大部分工作。同时，雌狮也负责大部分狩猎工作。雄狮则忙着自己的工作：保卫领地，防止外来者入侵。

蛇妈妈

所有的蛇都是变温动物，大部分蛇类的育幼行为很少。但当谈到养育孩子时，至少有一种蛇不是“冷酷无情”的——分布于非洲南部的纳塔尔岩蟒。当幼蛇孵化出来后，蛇妈妈还会照顾它们。蛇妈妈会在洞口附近接受阳光的照射，此时它的体温急剧上升，当升到接近 40℃时，它就会返回洞穴并把幼蛇紧紧围住。幼蛇的体色也是暗黑色的，这有利于它们从妈妈身体上快速吸收热量。蛇妈妈平均每天要在太阳下暴晒两次，这是为了维持洞穴中的温度，让幼蛇正常发育。两周后，蛇妈妈就会离开，留下宝宝们独立生活。

保姆俱乐部

雄性山地大猩猩是一种强悍的、喜欢捶胸顿足的动物，而在卢旺达火山国家公园，成年雄性山地大猩猩经常和宝宝拥抱在一起。照顾是有回报的，和群体里的小猩猩相处时间最多的雄性大猩猩往往拥有更多属于自己的子嗣。

在卢旺达火山国家公园，一个东部大猩猩宝宝正在一只银背大猩猩身上玩耍

山地大猩猩会用树叶和树枝**搭建“床”**。它们在天黑时上床睡觉，并且能睡约 12 个小时。

被认错的动物

有些动物并不是人们所想的那样。

非洲狼

“卧底”狼

几十年来，“埃及胡狼”这种动物一直让人们迷惑不解。事情是这样的：2011年，研究人员对埃及胡狼的DNA进行了测序，发现这种动物不是胡狼，而是狼。它们现在被称为“非洲狼”，这个名字更符合其真实身份。

狼、胡狼、郊狼、狐狸和狗都是同一个家族的成员。这些动物隶属于**“犬科动物”**。

假扮的美人鱼？

儒艮的出现一度让各种关于美人鱼的神话兴起。但是看着儒艮，我们很难想象水手是如何将这种体态粗壮的海洋哺乳动物误认成半身人形生物的。当然，这种生物的前肢的骨骼与人类手臂的骨骼是有相似之处的。

在 1830 年出版的一本科学杂志里，一位作者讲述了一个所谓的“美人鱼”骨架从非洲肯尼亚的海岸被带到英国的故事。经检查，这具骨架实际是儒艮的骨架。据作者的说法，这具骨架的某些部分肯定来自儒艮，最有力的证据是它的头骨。

儒艮

“混合型”动物

我们可以用“黑豹”来指代任何拥有深色皮毛的豹或美洲豹。黑变病是导致一些野生猫科动物拥有深色皮毛的原因之一。这种情况在非洲的豹中极为罕见。拥有深色的皮毛有助于其融入周围的环境，尤其是当它们生活在树木茂密的环境中时。黑豹极少被发现，它们的“伪装大衣”似乎非常有用！

触发型相机拍摄到的一只年轻雄性黑豹

与朱伯特夫妇一起旅行

好奇、聪明、敏锐，这些是我们用来描述鬣狗的词。多年在野外拍摄鬣狗的经历让我们意识到，鬣狗在很多方面被我们“误解”了。

我们一般会在下午 4 点开始拍摄鬣狗，并整夜跟踪这种动物。有时，我们会挤出一个小时在车里睡觉。正是这短暂的休息帮我们了解到鬣狗的好奇心是多么强烈。

有一次，我俩被一声巨响惊醒了。只见一只鬣狗爬到了汽车前座，咬起贝弗利的鞋子就跑了。我们在进行野外追踪拍摄，没带备用鞋子，因此贝弗利不打算让鞋子就这么被抢走。她翻过座位，跳到地上，试图吓唬鬣狗。幸运的是，这只鬣狗是“单兵作战”。它被吓得不轻，立刻丢下鞋子，消失在夜色中。

棘手的情况

在我们与鬣狗相处的几个月里，有一次，我遇到了极大的危险。一天晚上，我们听到鬣狗在离帐篷不远的地方“大吵大闹”。我开车到达最近的水坑处，发现是 14 只鬣狗正在攻击一头非洲水牛。我拿出相机，刚准备拍摄，另一个鬣狗群就出现了。转眼间，有约 80 只鬣狗在一起撕咬这头水牛。

我想从另一个角度拍摄，但照明设备使用的是汽车电池，因此我需要重新调整车辆的位置。于是我去开车，却发现汽车无法启动。很快我就认识到自己要面对的不仅是车的问题，还有来自鬣狗的问题。因为当我意识到汽车无法启动时，鬣狗也发现了！

它们丢下水牛，开始向我围过来。我不得不快速思考。我使劲儿敲打着汽车的侧面。这似乎起了作用，鬣狗开始往后退。但很快，它们意识到这敲击声只是一种虚张声势，于是又回来了。

我估计只有一次机会能把鬣狗吓跑。我深吸了一口气，跳下车，扯着嗓子大叫大喊，疯狂地跑来跑去。我的表演起了点儿作用——至少有那么一会儿起了作用——这些鬣狗都钻进了黑暗中。我来到车后，用尽全身力气推车。奇迹发生了，车轮开始转动。我跑到车前部，跳进车内，成功发动引擎，然后火速开车离开了。

这段刻骨铭心的经历告诉我：永远不要低估鬣狗。

一个恐象宝宝正努力在
河中跟着自己的母亲

第六章

动物的祖先

钻进"时间机器"，我们一起看一看曾在非洲生活的动物吧！首先，我们一起来看一看非洲大陆上的史前肉食性动物。这些生物有的很凶残，有的很怪异，有一种类似鳄鱼的爬行动物甚至可能以恐龙为食。但不要让这种"超级鳄鱼"吓到你，毕竟它已经灭绝1亿多年了。

随后，你将会见到今天的植食性动物的史前"亲戚"。你知道吗，过去还有许多巨型哺乳动物在非洲大陆上生活，有些甚至比现代的同类动物还大。

尽管有些生物在人类出现之前就已经存在了，但现在，我们只能通过它们留下的牙齿和骨骼化石来了解它们。古生物学家通过研究这些化石可以了解古代动物的生活方式和形态特性。化石还向我们展示了这些生物是如何进化成"神奇动物"的。

史前捕食者

一些远古时期的肉食性动物长得非常奇怪，以至于它们很容易被当成存在于想象中的生物。下面，我们就来看一看 5 种奇怪的巨兽化石吧！

20 世纪 30 年代，人们在南非的一个农场中发现了第一块丽齿兽化石。

丽齿兽正在捕猎

名称： **丽齿兽**

生存年代： 约 2.55 亿年前

已知信息： 它们是恐龙吗？是猫吗？不，它们是丽齿兽，是一种可怕的肉食性动物，其牙齿比霸王龙的牙齿还要长。它们在真正的哺乳动物出现之前就已经有了类似哺乳动物的特征。

名称：**犬颌兽**

生存年代：约 2.4 亿年前

已知信息：这种动物身长约 21 米，以捕猎为生，虽然是爬行动物，但是长得像哺乳动物。在犬颌兽的头骨中，有一块骨板将其食道和气管分隔开，因此它们可以像人类一样，一边进食，一边呼吸。

名称：**苏氏硕鬣兽**

生存年代：2200 万～ 1800 万年前

已知信息：这种肉食性动物的头骨是狮子的两倍大，嘴里还长满了能咬碎骨头的牙齿。由于它们的爪子不是用来抓取猎物的，所以研究人员认为这种生物更像是食腐动物，而不会捕食活物。

名称：**巨犬熊**

生存年代：约 1700 万年前

已知信息：这种肉食性动物既不是熊，也不是狗，但与这两种动物有相似之处。巨犬熊的体形大小与今天的棕熊差不多。这种动作敏捷的肉食性动物有着锋利的牙齿和强有力的下颌，能咬断猎物的骨头。

名称：**剑齿猫**

生存年代：500 万～ 50 万年前

已知情况：这种凶猛的猫科动物可能拥有一种独特的步态，因为它们的前肢比后肢长。它们有剑形的犬齿，可以咬住猎物的喉咙。人们认为，这种动物会集群猎杀大型动物，就像狮子一样。

超级古鳄

这种巨大的爬行动物简直就是为狩猎而生的。

大约1.1亿年前，撒哈拉沙漠的面貌与今天的大不相同——没有沙丘，有的是茂密的丛林和蜿蜒的河流。当时，水中生活着一种特别可怕的爬行动物，它们是鳄鱼的祖先，甚至能够吞食小型恐龙。很多人把这种动物叫“超级古鳄”。这种鳄鱼的正式名字是“帝鳄”。帝鳄是一种偷袭型的捕食者，擅长出其不意地袭击猎物，并以碎骨的力量将猎物咬死。从头到尾配备的“装备”，让帝鳄成了完美的捕食者。

巨大的体形

帝鳄比现代最重的鳄鱼还要重约10倍。它们的长度是现代最长的鳄鱼的两倍左右。专家认为，这种爬行动物要花费约40年的时间才能长到这种长度，因此它们的寿命可能有100年之久。

内置型盔甲

这种鳄鱼头部到尾巴中部的地方被一种硬质外壳（鳞片）保护。就像树干的年轮一样，这些鳞片每年都会长出新的生长环。通过研究这些生长环，我们也可以计算出这种生物的年龄。

眼睛在上面

帝鳄的眼睛位于头部的侧上方，因此即使帝鳄将身体大部分浸在水里，也可以观察周围的情况。

超级传感器

帝鳄颌骨内的特殊受体可以感知到微小的动作。帝鳄可以以此来判断猎物的大小。

奇怪的鼻子

帝鳄的鼻子末端有一个很大的球状骨质凸起。这可以用来做什么呢？科学家推测，这个凸起可能是用来确定气味来源的。一旦确认了方向，鳄鱼就可以去寻找猎物了。另一个说法是，这种构造可以放大帝鳄的叫声，帮助它们与远处的同类交流。

瘆人的牙齿

帝鳄的下颌有 100 多颗锋利的牙齿。有了这些牙齿，帝鳄就能撕咬任何想捕食的猎物了。据专家统计，这种鳄鱼的食谱可能包括很多动物：从 1.5 米长的史前鱼类到喜欢在水边喝水的小型恐龙。

强大的咬合力

鳄鱼以咬合力强而闻名。科学家表示，强行“掰开”帝鳄嘴巴使用的力量，相当于举起重约 8000 千克的物体使用的力量。一旦被这种动物咬住，猎物就别想逃脱了。

巨兽

这些史前植食性动物真大！

巨型植食性动物——如同它们的名字一样——是一类体形巨大的植食性哺乳动物。如今，非洲是 5 种巨型植食性动物——大象、河马、长颈鹿、白犀和黑犀的家园。

非洲大陆曾经拥有更多的动物，它们为什么灭绝了呢？科学家没有给出确切的答案。有一种猜测是，人类祖先的过度捕猎是导致这些动物灭绝的重要原因。但一个更新的理论认为，气候变化才是罪魁祸首。例如，随着气候发生变化，非洲的许多森林被草原取代，久而久之，某些只吃树叶而不吃草的动物便消失了。

通过研究这些动物留下的化石，古生物学家可以拼凑出它们大致的模样并推测其生活方式。下面，我们就来看一看曾经生活在这片土地上的 4 种巨型动物吧！

巨型长颈鹿

长颈鹿家族曾经很庞大，而现在，这个家族存续下来的物种很少。古生物学家在非洲、欧洲和亚洲发现了一种特别巨大的长颈鹿祖先化石，并将这种生物命名为“西瓦鹿”。

起初，研究该生物的专家认为，拥有这种巨大头骨和笨重的角的动物可能像大象一样重，而现在的科学家有了不同的看法。最近的一项研究表明，该动物可能重约 1800 千克——仍然很重，但没有大象那么重。

西瓦鹿

翻转的象牙

现代的大象虽然体形庞大，但与一些史前“亲戚”相比，算是轻量级选手了。恐象就是一种史前巨象。尽管在非洲发现的恐象的体形与现代大象的差不多，但在欧洲和亚洲出土的恐象化石显示，恐象的体重是现代大象的 3 倍左右。现生大象的长牙是长长的上门齿，恐象与现代的大象的不同之处是没有上牙。它们的牙是从下颌长出来，然后向下弯曲的。科学家也搞不懂恐象到底是如何使用这与众不同的象牙的。

恐象

佩罗牛

眼睛“卧底”

有一种史前河马，它们头顶上的眼睛格外高——高得有点儿夸张了！这种惧河马的眼睛从头顶向上伸出，就像天线一样！尽管这种河马可能比现代的河马身长更长、体重更重，但当它们潜伏在水下时，仍然不会轻易被“敌人”发现。

长角牛

当一位古生物学家为佩罗牛命名时，这种动物已经灭绝了几十万年。佩罗牛比现代水牛更高、更重，长着巨大的弯形牛角。有的佩罗牛的角的长度甚至能超过 3 米。

惧河马

这不是马

爪脚兽是植食性动物，身材魁梧，拥有像马的脸、类似犀牛的躯干。不过，它们和大多数植食性动物不同——脚上长的是爪子，而不是蹄子。更让人觉得怪异的是它们那较长的前肢。科学家认为，爪脚兽的前肢或许有助于它们拉低树枝、吃到叶子。

这种动物早在 200 万年前就生活在非洲东部了，现如今，爪脚兽及其近亲已全部灭绝。

爪脚兽

过去与现在

与很多史前“亲戚”相比，有些动物简直是“小朋友”！看一看5种现代生物与它们的古代近亲之间的区别吧！

超级大象

非洲草原象
高约4米
重约6吨

恐象
高约4米
重约17吨

能咬碎骨头的肉食性动物

硕鬣狗
高约100厘米
重约113千克

体形庞大的鸟类

象鸟
高约 3 米
重量超过 500 千克

鸵鸟
高约 2.5 米
重约 150 千克

斑鬣狗
高约 84 厘米
重约 80 千克

巨疣猪

硕背猪
高约 120 厘米
重约 450 千克

疣猪
高约 80 厘米
重约 150 千克

巨鳄

尼罗鳄
长约 6 米
重约 750 千克

帝鳄
长约 12 米
重约 8000 千克

动物小知识

人们在埃及发现了一块约 1.5 米长的蜥蜴化石。这种蜥蜴被认为是科莫多巨蜥的**古代近亲**。

肺鱼最早出现在约 4 亿年前，**比恐龙出现的时间还早。**

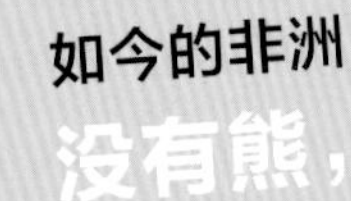

如今的非洲**没有熊，**但在几百万年前，非洲曾有熊存在——郊熊看起来很像现代的熊，只不过**四肢更长一些。**

非洲野猫在古埃及被视为**神圣的**动物，通常会被制成木乃伊。

一种叫“腔棘鱼”的**巨型鱼**曾被认为在 6500 万年前就**灭绝**了，直到 1938 年，人们在南非海域捕获到一条后才证明，地球上还有这种生物存在。

这种叫“重脚兽”的史前生物**看起来像犀牛。**不过，它们那所谓的角是由**空心骨骼**构成的。

在马达加斯加岛，人们发现了一种来自 7000 万年前的、如**排球大小**的蛙类化石。科学家将这种生物命名为**“魔鬼蛙”**。

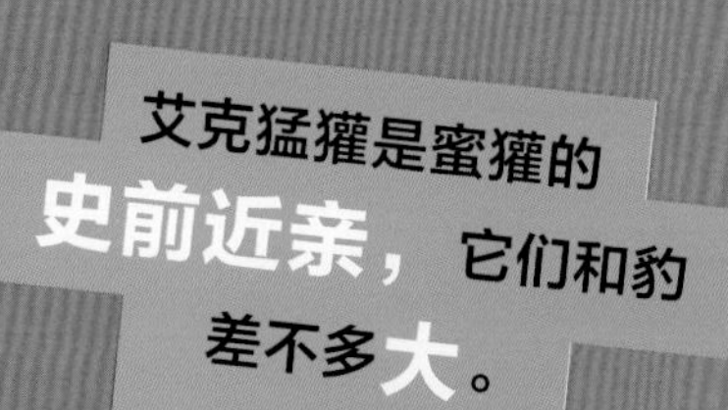

艾克猛獾是蜜獾的**史前近亲**，它们和豹差不多**大**。

距离我们并不遥远的远古生物

专家认为，这些物种的灭绝与人类脱不了关系。

一只威风凛凛的雄狮，它让人联想到巴巴里狮

巴巴里狮、渡渡鸟和象鸟曾经就生活在人类周围。它们的故事给了我们警示：如果人类不采取措施去保护那些需要我们帮助的物种，它们很有可能会从地球上消失。

巴巴里狮事件

在古罗马，常常有近 5 万人挤在斗兽场里观看斗兽表演。有时，狮子甚至会被带去与人类作战。这些狮子不是普通的狮子，它们是来自非洲北部的狮子亚种，被称为“巴巴里狮”。

巴巴里狮被非洲某些国家的王室成员当成权力的象征。20 世纪初，大部分野生巴巴里狮消失了。20 世纪 50 年代以来，再也没有人在野外见过它们。但这可能不是巴巴里狮的结局。

有一些动物园的工作人员声称，他们所在的动物园有这种狮子。目前，人们正努力通过人工繁育来保护他们认为可能是巴巴里狮的动物。如果它们确实是巴巴里狮的后裔，那么巴巴里狮仍有未来。

艺术家笔下的渡渡鸟

研究渡渡鸟骨骼的科学家认为，这种鸟的重量应该不超过 12 千克。

一点儿都不傻

16 世纪前的漫长岁月中，毛里求斯岛上的“居民”只有动物，其中有一种不会飞的鸟，它们头大、翅膀小，还长着黄色的小短腿。16 世纪，人们来到这里后，立即注意到了这种长相怪异的鸟。他们给这种鸟起了许多名字，其中一个名字是“渡渡”，它源自葡萄牙语中的“傻瓜”一词。

定居者带来了各种动物，包括猪、猴子和老鼠。科学家认为，这些动物会吃渡渡鸟的蛋和雏鸟，并与鸟类争夺其他食物。同时，定居者也猎杀了一些鸟类。到 17 世纪末，所有渡渡鸟都消失了。由于这种鸟在被发现后不久就被赶尽杀绝，一些人甚至怀疑它们是否真的存在过。

近年来，科学家研究了一具世界上现存的最完整的渡渡鸟骨架，想要揭开关于这种鸟的一些秘密。科学家表示，真正的渡渡鸟应该比流传下来的图画中的渡渡鸟瘦一些，而且步速也比人们想象的要快。他们还指出，这种鸟被称为“傻瓜”是毫无道理的。渡渡鸟灭绝 300 多年后仍在提醒我们，人类到底对大自然做了什么。

有史以来最大的鸟

如今，鸵鸟是世界上最大的鸟类。但与已灭绝的“表亲”象鸟相比，鸵鸟真像是“小朋友”。象鸟生活在马达加斯加岛，最后一次出现是在 17 世纪。这种不会飞的鸟高达 3 米，体重超过 500 千克。

象鸟的蛋非常大，比恐龙蛋还大。人们来到马达加斯加岛后，就开始偷取这些硕大的鸟蛋。一个象鸟蛋的体积是鸡蛋的 150 多倍，这种蛋可以为人类提供大量食物，蛋壳还可以用来盛水。专家说，蛋被窃取可能是导致象鸟灭绝的原因之一。

把它们带到现在？

虽然这听起来像是科幻电影中的情节，但是科学家确实正在努力“复活”已灭绝的物种，这个过程包括将已灭绝的动物的基因植入其某个现代近亲的DNA中。例如，为了“复活”已灭绝的长毛象，研究人员可能会修改亚洲大象的 DNA。不过，这种方法只适用于在过去 50 万年内灭绝的动物，因此恐龙是不可能被“复活”的。

有些人认为，“复活”已灭绝的动物是弥补人类犯下的错误的一种方式，我们有责任把那些被我们“赶出”地球的生物再“请回来”。也有人认为，人类应该把金钱和精力用于帮助那些还活着的需要人们保护的动物。你是如何认为的呢？

一枚经过碎片重组制成的象鸟蛋

与朱伯特夫妇一起旅行

当你看到水中的鳄鱼时，或许会有这么一种感觉：如果自己被鳄鱼捉住了，那么它们绝不会对你手下留情。你也许可以用力拍打水面，或者高声呼喊，但鳄鱼是不会松口的。

我们曾在水中与这些爬行动物一起经历了一段相当难熬的时间。那时，我们在博茨瓦纳的乔贝河拍摄鳄鱼。在与鳄鱼相处了一天后，我们乘坐借来的旧船返回营地。当转过一个弯时，我们与一棵落入水中的断树撞上了，其中一根树枝直接穿透了生锈的船身，船立刻开始进水。

我们所有的摄影器材都在船上，如果它们损坏了，代价会很高。贝弗利迅速将设备装到一个旧橡皮筏上，然后跳进河里，将橡皮筏拉到最近的岸上。与此同时，我试图修复受损的船。我用帆布和塑料塞住洞口，这样做成功阻止了船继续下沉。幸运的是，船和我们的装备都得救了，鳄鱼也一直和我们“保持着距离”！

不寒而栗的经历

那件事真的吓到了我们。我们处于最容易与鳄鱼发生冲突的情况下，甚至一开始都没有意识到它们的存在。当我们沿着利尼扬蒂河工作时，鳄鱼并不在我们的视线范围内。我们把帐篷搭在水边，每天要下水几次去装水，从没担心过附近会出现什么让我们害怕的东西。

后来，一位鳄鱼专家参观了我们的营地。他满怀关切地看着我们去取水。那天晚上，他带我们坐上他的船。在聚光灯的照射下，他向我们展示了河里到处是鳄鱼！他解释了鳄鱼是如何监视我们的：“它们一直在观察。如果你每天到河边去很多次，它们一定会注意到你。它们可能每次只移动 1 厘米，你很难发现它们。”

第七章

超级生物

一只被毒药浸泡过毛发的老鼠，一只脸上有红、金、蓝三种颜色的猴子，一只向敌人喷粪便的鸟，还有一只浑身长满尖刺的蜥蜴……这些只是非洲奇特动物中的一小部分。

我们列了一份清单，里面都是很有特点的动物：一些动物因其不同寻常的能力被选中，一些动物则有着令人不可思议的特征，还有一些动物与同伴之间有特别的互动方式。总的来说，从这份清单里我们可以看出动物为生存所做的“努力”。

长得高大、身上带刺、带有恶臭，这些都可以帮助动物免受捕食者的伤害；懂得合作则意味着大家可以一起获得更多的食物；五颜六色的皮毛有助于找到配偶。为了在竞争中获胜，动物们还有哪些奇招呢?

冠军

非洲草原象

哇，是象宝宝！非洲草原象从出生起体格就很大。一头刚出生的小象可以达到 100 多千克。当它成年后，体重可以超过 6 吨。正常情况下，非洲草原象每天要花大约 16 个小时进食。这虽是一项艰苦的工作，但它们可以胜任！

最大的体格

生活区域： 撒哈拉以南的非洲

太神奇了！ 世界上还有另外两种象——非洲森林象和亚洲象。通常情况下，它们成年个体的重量都比非洲草原象成年个体的重量轻。

亚军

河马和白犀

这些动物的个体体重超过 2200 千克，而且河马比白犀还要重一些。一天的大部分时间里，白犀都在吃草。河马也以草为食，但对它们来说，吃草时间是在晚上，因为那时候比较凉快。

冠军

山魈

那只猴子的脸上是不是涂了油彩？虽然很难相信，但雄性山魈真的长得这么“鲜艳”：它们长长的红鼻子旁边有纵向排列的蓝色脊状突起，下巴上有金色的胡须。

这些颜色源于山魈体内的荷尔蒙，等级最高的雄性山魈拥有最明亮的色彩。绚丽的色彩有助于它们在雌性山魈面前脱颖而出。

最丰富的颜色

生活区域：非洲，赤道附近的雨林

太神奇了！山魈脸上有颊囊，可以用来储存食物。

亚军 紫胸佛法僧

紫胸佛法僧那五彩缤纷的羽毛，能让人们在距离它们很远时就发现它们。这种体形如鸽子般大小的鸟很漂亮，而它们发出的声音就没那么好听了。紫胸佛法僧以“聒噪”著称。

最有趣的功能

冠军

指猴

这种小型灵长类动物的手指中有一根比其他四根更长。这种有点儿奇怪的结构虽然令人毛骨悚然，但有重要的用途：指猴用这根更长的手指敲击树皮，判断树内有无空洞，然后贴耳细听，如有虫响，就用牙齿啃咬树木，将树的表面啃出一个小洞，再用这根手指将虫钩出。

冠鼠

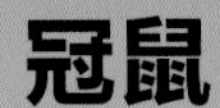

亚军

当冠鼠受到攻击时，既不跑，也不躲。它们会竖起一圈特殊的毛。这种毛发含有剧毒，只要捕食者碰到毛发就会有生命危险。冠鼠就是靠这一招来抵御捕食者的。冠鼠并不能自己制造毒素。它们会咀嚼有毒的箭毒木树皮，然后将汁液涂抹在毛发上。这真是一个让捕食者无法靠近的聪明方法！

生活区域： 马达加斯加的森林中

太神奇了！ 指猴的尾巴比其躯干还长，这有助于指猴在树枝上保持平衡。

极强的社交能力

冠军

细尾獴

一个细尾獴群体中的个体的数量多则可达 40 只。每天早上，它们从地下洞穴钻出来，投入一天的“工作”中：几只细尾獴负责照看新生的宝宝，其余的则出去寻找食物。当这群细尾獴四处嗅探食物时，其中一只细尾獴则一直观察周围，察觉到有危险就向其他同伴发出警告。团结协作有助于哺乳动物在恶劣的环境中生存。加油啊，细尾獴小队！

亚军 非洲野犬

这种肉食性动物做什么事情都集体行动，不管是狩猎还是养育孩子。一项研究发现，非洲野犬在选择狩猎时间时，常常会通过打喷嚏的方式“投票”决定。

生活区域：非洲南部的沙漠和草原

太神奇了！与其他獴类一样，细尾獴对大部分蛇和蝎子的毒液有免疫力。

最多的刺

生活区域： 赤道以北的非洲的非沙漠栖息地

太神奇了！ 非洲冕豪猪无法像很多人想象的那样，向攻击者射出它们的刚毛。不过，这些刚毛在被碰到时很容易脱落。

冠军

非洲冕豪猪

连狮子都知道，最好不要去招惹这种有刚毛的动物。当非洲冕豪猪受到威胁时，会把头上和肩上的刚毛竖起来，显得自己特别大。它们还会摇动尾部的刚毛，好像在说：别过来！如果这还不奏效，非洲冕豪猪就会将那针状的刚毛刺入攻击者的身体。听上去就很疼！

亚军

南非犰狳蜥

这种居住在岩石上的蜥蜴从颈部到尾部都布满了尖尖的鳞片。当受到威胁时，它们会把尾巴含在嘴里，卷成一个圈，让坚硬的鳞片对着敌人，以保护柔软的腹部。

精彩时刻之
“哎呀”

“我们永远不会因为太忙而停止拍摄小狒狒。它们总是拉彼此的尾巴、胡乱地翻滚、搞恶作剧。”

——德雷克·朱伯特与贝弗利·朱伯特

最大的胆子

冠军

蜜獾

谁会害怕毒性强的蛇呢？反正蜜獾不害怕！这种动物因以非洲最致命的蛇为食而闻名。除此之外，它们的“英勇”事迹还包括攻击蜂巢、战胜体形比自己大很多倍的动物（包括狮子）。蜜獾有坚韧、厚实的皮肤、锋利的牙齿和爪子，以及与臭鼬相似的气味腺。“装备”精良的它们随时可以“应战”。

亚军

非洲水牛

雄性非洲水牛很强壮，脾气也很暴躁。这种庞大的哺乳动物不怕战斗，还会与同类联手，一起保护家族成员。

生活区域： 撒哈拉以南的非洲和亚洲南部

太神奇了！ 蜜獾是一种很聪明的动物。从大脑与身体的比例方面来看，它们的大脑在肉食性动物中算是较大的了。

最臭的气味

绿林戴胜

冠军

做一只绿林戴胜并不容易，因为与其共享栖息地的是老鼠、蛇、猫科动物等，它们把绿林戴胜视为美味佳肴。不过，绿林戴胜有一个秘密武器。受到威胁时，绿林戴胜会把尾巴转向攻击者，并喷出一种恶臭的油。小绿林戴胜还有“二号方案”：喷出一堆液体便便。

斑鬣狗

亚军

斑鬣狗可以通过在草茎上涂抹一种发臭的分泌物来传递信息。这种物质可以传递展示有关斑鬣狗的各种信息，包括属于哪个部族、是雄性还是雌性等。这种物质的“持续性”很强，当斑鬣狗把它留在草地上一个多月以后，有用信息依然存在。

生活区域： 撒哈拉以南的非洲

太神奇了！ 绿林戴胜父母有很多“帮手”来帮助自己抚养雏鸟，从而让雏鸟可以健康、平安地长大。

动物小知识

有一种蜣螂**非常强壮**，可以推动重量相当于自身体重 1000 多倍的东西。

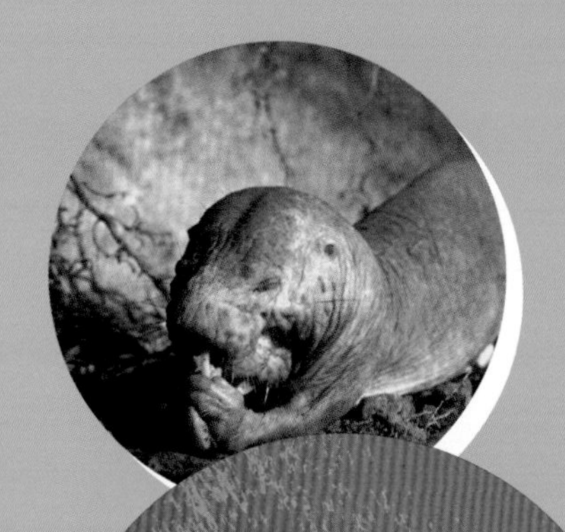

裸鼹形鼠的寿命可达 30 年——它们在同科动物中算是**寿命很长的了。**

狮子是**叫声很响亮的猫科动物**，能发出高达 **110 分贝**的吼声。这种叫声有时在 8 千米外都能被听到。

大象的**孕期很长**，大约是 22 个月。

野生长颈鹿每次的“睡觉”（其实是“假寐”）时间大约为 5 分钟，一天最多“睡”6 次，加起来也只有**大约半小时**的“假寐”时间！

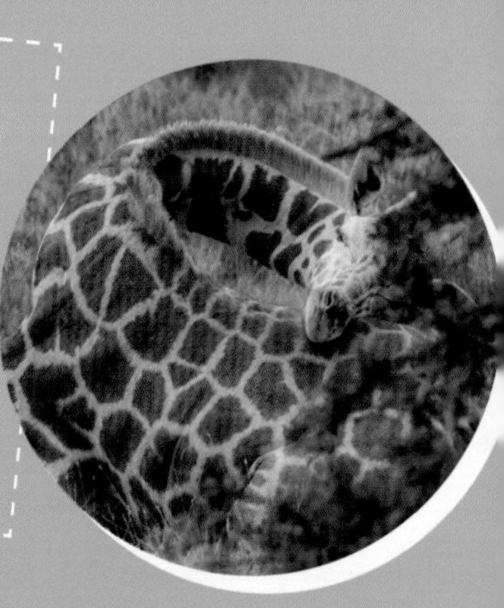

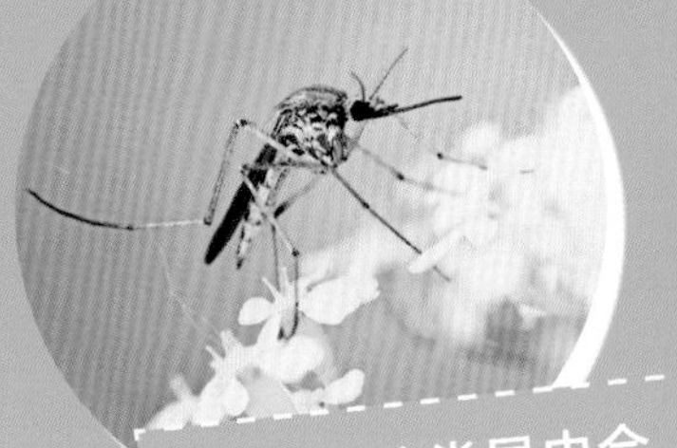

蚊子这类昆虫会
传播多种疾病，
其中某些疾病还可能
致人死亡。

黑足猫能捕捉
体形是自己 4 倍大的动物，
狩猎成功率
高达 60%。

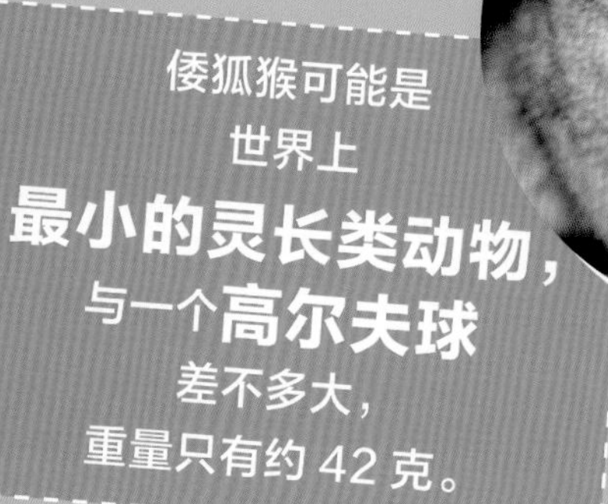

倭狐猴可能是
世界上
最小的灵长类动物，
与一个**高尔夫球**
差不多大，
重量只有约 42 克。

赤猴是灵长类动物中
奔跑速度**最快的，**
奔跑速度可达
55 千米 / 时。

马达加斯加的迷你变色龙体长不到 2.5 厘米，
是目前已发现的**最袖珍的变色龙。**

冠军

鲸头鹳

巨大的喙、明亮的大眼睛，加上从头部后方伸出的一撮羽毛，鲸头鹳看起来就像动画片里的反面角色。肺鱼是鲸头鹳最喜欢的食物之一。这种鸟会站在沼泽地带，静静地等待猎物靠近。蛇、啮齿动物，甚至小鳄鱼也会出现在鲸头鹳的食谱里。

赤猴

亚军

这只长着胡子的猴子看起来很像童话书中的人物。赤猴主要栖息在热带稀树草原和林地中。目前，其栖息地里的树木正面临被砍伐的危险，而这种猴子的数量也在逐渐减少。

最古怪的长相

生活区域：非洲东部的沼泽地带

太神奇了！鲸头鹳在进餐时经常先咬掉猎物的头。

最神秘的动物

生活区域： 撒哈拉以南的非洲和亚洲南部

太神奇了！ 穿山甲没有牙齿，其胃里会留存一些小石子帮助磨碎食物。

穿山甲

冠军

这种长相奇特的动物是世界上被猎杀数量最多的动物之一。它们的鳞片被部分地区的人们认为有药用价值，再加上栖息地被破坏，穿山甲的数量急剧减少。目前，科学家正在试图深入了解穿山甲的生活。

穿山甲喜欢在夜间活动，因此想在野外观察到它们可以说是一项挑战。当穿山甲受到威胁时，会蜷缩成一个球。虽然这是一种可以抵御豹、狮子等大型动物攻击的有效方式，但这种方式却无法抵御人类的猎枪。

异鳞尾松鼠

亚军

在非洲中部和西部的热带雨林中，曾有猎人在设下的陷阱中发现了已经死掉的这种神秘的动物。它们看起来像拖着大尾巴的松鼠，只不过毛茸茸的尾巴基部长有鳞片。

动物界的跳跃高手

冕狐猴

好会跳啊！在马达加斯加的森林里，冕狐猴在树上蹦蹦跳跳，速度很快，看起来像在飞一样。与大多数灵长类动物不同，这种狐猴通常不沿着树枝行走，而是会以直立的姿态从一棵树跳到另一棵树，然后用手和脚抓住树干，接着再次弹起。冕狐猴一次能跳 9 米远，是森林中的跳远高手。

狞猫

这种动物是“隐形”高手。一旦发现猎物，它们会悄无声息地潜行，然后猛扑过去！如果目标是正在降落或起飞的鸟类，强有力的后腿能助其弹离地面 3 米多高，随后在空中猛击飞行中的猎物。当受伤的鸟儿落下来时，就是狞猫进餐的时候了。

亚军

生活区域： 马达加斯加岛

好神奇啊！ 冕狐猴的英文名源于它们在森林中穿行时发出的叫声。

与朱伯特夫妇一起旅行

在拍摄野生动物时，我们通常会待在一旁，静静地观看事态的发展。但也有例外。如果是人为因素导致动物处于危险之中，我们就会竭尽所能去扭转局面。

那是在 1992 年，正值博茨瓦纳的旱季，我们正跟踪拍摄一群大象。它们从森林里走出来，到水坑里喝水。这些水坑有一部分是人为挖的，里面的水很深。

这时，我们听到远处有车驶来。当卡车驶近时，我们看到后面坐着一大群人。他们似乎被大象惊到了，一边敲打卡车两侧，一边大声喊叫，想把大象吓跑。大象果然被吓得四散奔逃。

卡车开走了，象群也消失在森林中，这时，我们发现事情不太对劲。在刚才的一阵骚动中，一头小象掉进了最深的水坑里。正当我们思考该怎么办时，一头母象跑了回来。象妈妈冲到坑边，但没法把小象拉上来。令人惊讶的事情发生了——只见这头母象径直走到我们的车前，把头放到引擎盖上。它是在向我们求救吗？虽然我们无法确定它的意图，但我们知道它确实需要帮助。同时也因为这个问题是由人类造成的，我们决定介入。

于是，我们将车开到水坑边。德雷克带着一根长长的缆绳和几条毯子沿坑壁爬了下去。他把毯子包裹在小象身上以保护它的皮肤，然后把缆绳缠在了它的身上。缠好缆绳后，我们轻轻地拉了一下。小象不舒服地叫了一声，它的妈妈急忙跑过来查看。很明显，这次的救援有一定难度，可能要花上一些时间。

一点一点地，我们终于把小象拉了出来。当把小象救出来时，天已经黑了，它的妈妈也走到了远处。德雷克轻轻拉了一下小象的尾巴，小象叫了一声，然后象妈妈跑了过来。它用鼻子环绕着小象，跟小象一起消失在黑暗中。

非洲草原象

第八章

拯救物种

在第六章中，我们认识了渡渡鸟。这是一种外形独特的鸟，几个世纪前由于人类而灭绝。当渡渡鸟濒临灭绝时，人们并没有意识到在这种动物身上发生的事情。等这个物种真的灭绝了，一切已无法挽回。

现在，我们知道了乱砍滥伐会破坏栖息地并伤害动物，我们知道了将物种带到另一个新的环境会破坏当地的生态系统平衡，我们还知道了过度捕猎会成为某个物种从地球上消失的原因之一。

幸运的是，我们也有了能力去弥补一些我们曾经犯下的错误。目前，动物保育工作者正尽心尽力，通过各种巧思和辛勤的工作拯救非洲，乃至世界各地的动物。想了解更多非洲野生动物面临的挑战，以及你可以提供的帮助吗？让我们一起加入拯救动物的行动吧！

阻止偷猎者

为什么会有人非法猎杀濒危物种呢？

非洲草原象

大象、犀牛和穿山甲虽然是三种截然不同的动物，但也有让人无奈的共同点——它们被大量猎杀，种群数量正在减少。为什么偷猎者要猎杀这些动物呢？象牙、犀牛角和穿山甲的鳞片在某些地方能卖出很高的价格。如果人们不再购买它们，这种买卖就会结束。没有买卖，就没有杀害。

象牙的难题

大象用象牙保护自己、采集食物。同时，象牙也给大象带来了危险。数千年来，人类一直为了获取象牙而猎杀大象，然后将象牙制成许多物品。几个世纪前，地球上有很多大象，如今，大象的数量只有几十万头。

值得庆幸的是，目前，大多数国家已禁止象牙买卖，多国政府已出台相关法律，违者将受到严厉处罚。

面临危机的犀牛

虽然犀牛角的主要成分很普通，和人类指甲的主要成分类似，但在一些地方，犀牛角的售价十分高昂。当地的一些居民会把犀牛角磨碎，然后用它来制药。科学家一直强调这些药没有疗效，但并没有有效地降低犀牛角的需求量。而人类对犀牛角的需求也让犀牛付出了惨痛的代价。

与象牙不同，犀牛角是可以再生的。但偷猎者为了节省时间，同时避免自己受伤，通常会在取下犀牛角之前先将犀牛杀死。专家表示，曾经数量超过 100 万头的犀牛，现在只剩下不到 3 万头。

保护犀牛并非易事。南非是目前世界上拥有野生犀牛最多的国家，那里的人们曾试图加强对犀牛的保护，但偷猎活动仍在继续。因此，动物保护者提出了另一个想法——将犀牛转移到某些“偷猎低发区”。将这种大多数体重超过 2 吨的哺乳动物运送到数百千米以外的地方，似乎有些困难，但将它们带到一个更安全的地方的确是保护它们的一种有效方式。

困境中的穿山甲

许多人知道大象和犀牛陷入的困境，很少有人知道穿山甲的困境。这种长有鳞片的动物主要生活在非洲和亚洲，会用又长又黏的舌头舔食昆虫。

人们猎杀穿山甲是为了获取其鳞片。在亚洲某些地方，人们将穿山甲的鳞片磨成粉末，用于治疗一些特定的疾病。其实，这些鳞片的主要成分和人类指甲的主要成分类似，都是角蛋白。科学家认为这种物质对治疗疾病不起主要作用。但是，仍然有许多人愿意花高价购买用穿山甲的鳞片制成的“药品”。

高昂的代价

保护大象、犀牛和穿山甲的方法之一就是不要购买由这些动物的身体部位制成的产品！

名称：象牙
用途：用于制作饰品、梳子、筷子等

名称：穿山甲的鳞片
用途：入药

名称：犀牛角
用途：入药

险中求存

这些动物曾面临灭绝的危险，现在它们又重新回到了人们的视野中。

这三种动物曾险些从地球上消失。不过在热心人士的帮助下，它们都得救了。

排除万难

拯救山地大猩猩曾经是个快要失败的项目。20 世纪 80 年代，山地大猩猩只剩下几百只，生存处境十分艰难。它们的大部分栖息地变成了农场，与此同时，偷猎者也将枪口对准了它们。

一群热衷于环境保护的人建立了一个全天候监测和保护山地大猩猩的系统，成功扭转了山地大猩猩的生存处境。2018 年的统计数据显示，山地大猩猩的数量已回升至约 1000 只，该物种也从“极度濒危”降为了“濒危”。如今，虽然山地大猩猩距离摆脱灭绝困境还很遥远，但在专业人士的帮助下，它们的数量正在回升，我们相信一切都在朝着好的方向发展。

小山地大猩猩

回声鹦鹉

回声鹦鹉的回归

当你在非洲毛里求斯的森林中漫步时，可能会看到某种翠绿色的鹦鹉栖息在树枝上。如今，在这个非洲岛国上有数百只这种鸟，它们被称为“回声鹦鹉”。不久前，这种鸟差点儿就灭绝了。栖息地的丧失、与被带到岛上的非本地物种之间的竞争导致大多数回声鹦鹉消失。到了 20 世纪 80 年代，回声鹦鹉的数量可能已不足 12 只。

于是，环保主义者开始拯救这种鸟。他们用杀虫剂处理鸟巢，以防苍蝇叮咬雏鸟；在食物短缺时，为鸟类提供食物。环保主义者还圈养了一些雏鸟，待它们长大后将它们放归野外。到 2015 年底，森林中已有几百只回声鹦鹉，并且这种鸟的数量还在持续上升。

第二次机会

弯角剑羚的名字是如何来的呢？看一看它们的模样就知道了。这种羚羊的角是向后弯曲的，长度通常超过 1 米。即使从很远的地方看，弯角剑羚也很显眼。也许这就是弯角剑羚极易成为猎人的目标的原因。曾经有上百万只弯角剑羚在非洲萨赫勒地区生活，但到了 20 世纪 80 年代，该物种已在野外灭绝。

弯角剑羚的故事似乎就这样结束了，但事实并非如此。在野生弯角剑羚灭绝之前，曾有人圈养了许多弯角剑羚。环保主义者希望有一天，这种动物能重返野外。2016 年，这个愿望实现了。23 只弯角剑羚被放归野外。不久后，其中一只弯角剑羚产下一只小羚羊。在那之后，越来越多的弯角剑羚加入这一群体，萨赫勒地区再次出现了壮观的“犄角”场景。

弯角剑羚

在夏季的白天，为了更好地**对抗高温天气**，弯角剑羚能忍受高温，让自己的体温最高升至 47℃。如果到达这个温度，弯角剑羚会出大量的汗，然后体温就能降下来。

“我们喜欢趴在地上，这样可以获得一种特别的视角。这些‘巨人’是如此令人印象深刻。”

——德雷克·朱伯特与贝弗利·朱伯特

与野生动物一起生活

富有创造性的解决方案可以帮助人类与野生动物一起生活。

地球上生活着 80 多亿人口。正因如此，人类自然而然地占用了地球的很多空间，包括野外环境。人类与野生动物能否和平共处？以下这些创造性的方法表明，人与野生动物共享生存环境是可能的。

一个“嗡嗡”响的办法

对那些在大象出没的地区谋生的人来说，大象的存在是个令人担忧的问题——大象会闯入农田，把土豆和玉米等当成食物。在它们进食的过程中，往往还会对人类造成其他方面的损失。农民为了保护自己的农田，有时会采取一些伤害大象的行为。

为了减少这种冲突，研究人员想出了一个解决方案。他们了解到大象害怕蜜蜂，于是开发出一种特殊的栅栏——这种栅栏上有很多蜂房。当大象碰到栅栏时，蜂房被摇动，蜜蜂就会飞出来。第一批栅栏在阻止大象触碰农作物方面发挥了巨大作用。目前，这种栅栏已在非洲多个国家被广泛使用。

一种由金合欢树的树枝制成的栅栏

筑起生存的围墙

在坦桑尼亚马赛人居住的地方，人类与狮子之间发生冲突从来不是新鲜事。随着栖息地的缩小、猎物的消失，狮子开始频繁地出现在马赛人的农场里。当狮子捕食家畜时，家畜的主人肯定会很愤怒，在某些情况下甚至会杀死狮子。有一种方法可以阻止这种情况发生。

有 1000 多个农场安装了一种由树枝制成的高大栅栏。这些“生存围墙”全天候保护牲畜免受狮子的侵害。牲畜的安全有了保障，居民晚上也可以睡安稳觉了。他们再也没有理由去追赶、杀死狮子了。

蜂巢栅栏

“虚张声势”的牧羊犬

在 19 世纪，整个非洲的猎豹的数量急剧下降，包括纳米比亚地区，其中的一个原因是居民为了保护牲畜而捕杀猎豹。如今，许多针对猎豹的杀戮行为已经停止，因为一个名为“猎豹保护基金”的组织引进了一种狗来保护牲畜，那就是“安纳托利亚牧羊犬”。这种起源于土耳其的狗高大、壮实，几千年来一直为人们保护羊群，使羊免受狼和熊的威胁。现在，它们在纳米比亚也做到了。当猎豹接近农场时，安纳托利亚牧羊犬便会狂吠，让猎豹无法伏击猎物，只能离开。

保护羊群的安纳托利亚牧羊犬

保护动物的英雄

这些人毕生致力于保护非洲野生动物。

动物保护主义者致力于无条件地保护野生动物，因为他们关心野生动物、自然环境和地球的未来。以下这些英雄向我们展示了人类为野生动物带来的改变。

在马达加斯加，一只马达加斯加侧颈龟正趴在木头上晒太阳

扭转龟的命运

1998 年，朱丽叶 · 维洛索亚开始致力于拯救马达加斯加侧颈龟。这种动物正面临严重的生存问题：它们遭到过度捕杀，且栖息地正在减少。维洛索亚知道，拯救这种龟需要当地社区的支持。于是，她请村民来看守龟的巢穴，并通过保持水质清洁和控制捕鱼数量来改善栖息地的环境。维洛索亚的做法也唤起了许多人保护动物的意识。

维洛索亚和她的团队还在努力增加这种龟的数量。为了让这种动物有更多的生存机会，他们在人工饲养场饲养了数百只幼龟。当它们足够强壮、有能力对抗掠食者时，维洛索亚再将它们放归野外。

灰冠鹤

鹤医生

当奥利维尔·恩森吉马纳还是个孩子时，他心里的“超级英雄”是在大自然里看到的灰冠鹤。如今，恩森吉马纳成了一名兽医，正努力拯救这种他一直很喜爱的鸟。

灰冠鹤是大型鸟类，头上的羽毛呈金黄色。这种模样别致的鸟被认为是好运的象征，这也导致它们的数量逐渐减少。许多灰冠鹤被人们抓到家中或酒店里用来观赏。它们的栖息地也在不断减少。

奥利维尔·恩森吉马纳

为了解决这些问题，恩森吉马纳和他的团队正采取多管齐下的方法。他们将圈养的灰冠鹤放归野外，指导当地社区人员为其提供帮助，还努力恢复灰冠鹤的生存环境。现在，恩森吉马纳成了灰冠鹤的“超级英雄”。

关注森林

坦桑尼亚是马卡拉·贾斯珀长大的地方，那里的树木经常被砍伐用作燃料，树木原本所在的那片土地被用于建设农田。于是，贾斯珀开始担心那些以森林为栖息地的野生动物的安全。

在成为一名科学家后，贾斯珀带着一个计划回到家乡。他知道在坦桑尼亚的沿海森林里有一些珍贵的树木，这种树木是制作单簧管和双簧管等管乐器的最佳材料。贾斯珀教导当地人在保证森林能健康生长的条件下砍伐一定数量的树木，并种植大量新树。在贾斯珀的帮助下，这些地区的人们不仅从木材销售中获得了不少收入，同时也保护了他们的森林。

马卡拉·贾斯珀

我们能为动物做些什么

要怎样成为濒危动物的朋友呢？

即使你没有和大象、犀牛生活在一起，也可以帮助它们。无论身在何处，你都可以采取一些措施来保护濒危动物。看一看如何与动物成为朋友吧！

一名博物学家正在给孩子们介绍动物

关心相关政策

努力了解为拯救濒危物种而制定的政策。如果认为某些政策需要调整，你可以将建议反映给相关机构。

成为动物专家

走进动物园或野生动物保护区，亲眼看一看你喜爱的动物；到图书馆借阅与保护动物有关的书籍；在家长的允许下，上网搜索关于保护动物的信息进行研究；将搜索到的动物小知识制作成一本小册子，并分享你的成果。你做出的努力和传递的信息可能会影响你的家人和朋友，让他们也更加关注动物。

伸出援手

在家长的帮助下，找到一个正规的动物保护组织。如果这个组织刚好在你家附近举办活动，你可以报名当志愿者。你还可以在当地政府允许的前提下，通过举办筹款活动来为需要帮助的动物筹款。

你还有哪些好点子呢？

志愿者正在清理海滩上的垃圾

做一些对地球有益的事情

你能为保护地球环境做些什么呢？

- 努力让海滩等公共环境保持整洁。例如，参加海滩或公园清洁日活动。
- 回收很重要。了解一下你所居住的城市有关回收的规定，并努力去执行。
- 尽量减少购买瓶装水，用可重复使用的瓶子或杯子装水。
- 尽可能步行、骑自行车去往目的地，倡导绿色出行。

大象的好朋友

居住在美国夏威夷的泰雅·梅吉尔在 10 岁时了解到大象面临的威胁，于是决定采取一些行动来帮助大象。她通过售卖柠檬水，为保护大象筹款，然后将钱捐给动物保护机构。后来，她获得许可，不仅可以将摊位搬进动物园，还可以通过出售自己制作的手镯和手提袋筹集资金。每周三，泰雅都会在动物园摆摊。当游客在摊位前驻足时，她就会趁机告诉大家为什么大象需要帮助。泰雅的努力告诉我们，虽然她还只是个孩子，但也可以做出很像样的事情。

泰雅·梅吉尔

与朱伯特夫妇一起旅行

多年来，我们一直认为自己最重要的工作就是保护大型猫科动物。保护狮子、猎豹和豹一直是我们工作的中心。但在 2015 年，我们发现犀牛也遇到了非常糟糕的情况。这种动物正因自己的角而成为猎人猎杀的目标。当我们发现情况变得很严峻时，首先想到的是：我们能做些什么？

我们绞尽脑汁，终于想出了一个大胆的计划：我们要把犀牛从盗猎猖獗的地区运走，安置在受保护的地区——博茨瓦纳。博茨瓦纳政府投入了大量人力和物力，用以打击偷猎行为。这些努力取得了成效——很多动物在那里得以更好地繁衍生息。我们相信，犀牛也可以拥有同样的生活状态。

我们计划转运 100 头犀牛。将一头重达 1.8 吨的犀牛运送到数百千米之外并非易事，更何况是 100 头。我们不仅需要一个专业团队，还需要直升机或飞机。当然，我们还需要资金。事实证明，有很多人愿意提供帮助。2017 年，我们成功将第一批犀牛运到了博茨瓦纳。看着它们在新家咀嚼青草的样子，我们仿佛看到了希望。

截至目前，我们已经运送了 87 头犀牛，它们都安然无恙地抵达了博茨瓦纳。这个数量还在不断增加。自该项目启动以来，已有 50 头小犀牛在博茨瓦纳出生。2017 年 3 月，贝弗利在养伤，无法与团队其他成员一起护送犀牛。于是，监测犀牛的人给其中一头小犀牛取名为“贝弗利”，希望它“带着”贝弗利在博茨瓦纳快乐地奔跑。我们希望终有一天，它和它的犀牛伙伴将不再需要我们的帮助，快乐地生存下去。

All photos by Beverly Joubert unless otherwise noted below.

ASP: Alamy Stock Photo; DR: Dreamstime; NGIC: National Geographic Image Collection; NPL: Nature Picture Library; SS: Shutterstock

COVER: (giraffe), Vaclav Volrab/DR; **FRONT MATTER:** 4, Paul Vinten/ASP; 5 (UP), reptiles4all/SS; **CHAPTER ONE:** 11 (UP), Tdee Photo-cm/SS; 11 (LO), Tdee Photo-cm/Adobe Stock; 12, Shannon Wild/NGIC; 13 (UP), Jami Tarris/Stone RF/Getty Images; 13 (INSET), Juan-Carlos Muñoz/Biosphoto; 15 (LO LE), Anan Kaewkham/SS; 15 (LO RT), SunnyS/Adobe Stock; 17 (LO), lilly3/iStockPhoto/Getty Images; 18 (UP LE), Ger Bosma/ASP; 18 (LO LE), Eric Gevaert/DR; 18 (LO RT), Jeffrey Jackson/ASP; 19 (UP RT), Jesse Kraft/DR; 19 (LO LE), Uryadnikov Sergey/Adobe Stock; 20 (LO LE), Jeff Mauritzen/National Geographic Partners; 20 (LO RT), imageBROKER/ASP; 21 (UP), Cultura Creative RF/ASP; 21 (LO LE), Jeff Mauritzen/National Geographic Partners; 23 (UP), O.S. Fisher/SS; 23 (LO), Cheryl Schneider/ASP; 24, Vaclav Volrab/DR; 25 (LE), Joerg Sinn/DR; 25 (RT), Tony Campbell/SS; 29 (A), Mari/Adobe Stock; 29 (B), Nick Dale/ Adobe Stock; 29 (C), Johan Swanepoel/Adobe Stock; 29 (D), Özkan Özmen/Adobe Stock; 29 (E), EcoView/Adobe Stock; 31 (LO), Jeff Mauritzen; 31 (A), Dlodewijks/DR; 31 (B), Four Oaks/SS; 31 (C), Jeff Mauritzen/National Geographic Partners; 31 (D), Martin Maritz/SS; 31 (E), Louis Lotter Photo/SS; 32-32, Martin Chapman/ASP; 32 (LE), Meoita/SS; 32 (RT), Maggy Meyer/Adobe Stock; 33 (A), nima typografik/SS; 33 (B), Dlodewijks/DR; 33 (C), Four Oaks/SS; 33 (D), Johan Swanepoel/Adobe Stock; 33 (E), Peter Betts/SS; 35 (UP), Suzi Eszterhas/Minden Pictures; 35 (LO RT), Anup Shah/NPL; 35 (LO LE), Diana Rebman/ ASP; **CHAPTER TWO:** 40 (UP LE), sergei_fish13/Adobe Stock; 40 (UP RT), Brina L. Bunt/SS; 41 (UP LE), Dudarev Mikhail/SS; 41 (CTR LE), Westend61 GmbH/ ASP; 41 (CTR RT), Trevor Fairbank/SS; 41 (LO), ohn Dambik/ASP; 42, Adobe Stock; 43 (UP LE), 500px Plus/Getty Images; 43 (UP RT), ArtushFoto/SS; 43 (LO), blickwinkel/ASP; 44-45, Stuart G Porter/SS; 45 (CTR), Stuart G Porter/SS; 45 (LO), Milan Zygmunt/SS; 46 (UP), Stu Porter/DR; 46 (LO), Janina Kubik/DR; 47 (UP), Ecophoto/DR; 48 (UP LE), Pavaphon Supanantananont/SS; 48 (UP RT), Norimages/ASP; 48 (LO LE), Thorsten Spoerlein/Adobe Stock; 49 (UP RT), nat-tanan726/iStockPhoto; 49 (LO LE), Michael Potter1/SS; 50, Martin Hejzlar/SS; 51 (UP), Paulo Oliveira/ASP; 51 (LO), Frans Lanting Studio; 52, squashedbox/ iStockphoto/Getty Images; 53 (UP), Ashley W. Seifert; 53 (CTR), Milan Zygmunt/SS; 53 (LO), Johannes Gerhardus Swanepoel/DR; 56, Neal Cooper/DR; 57 (UP), Wijnand vT/SS; 57 (LO), Martin Harvey/Getty Images; 58, Ondrej Prosicky/SS; 59 (UP), RZ_Images/ASP; 59 (LO RT), catfish07/Adobe Stock; 60 (UP), Ann and Steve Toon/ASP; 60 (LO), Martha Holmes/NPL; 61 (UP), Chantelle Bosch/SS; 61 (CTR), KingmaPhotos/Adobe Stock; 61 (LO), LouisLotterPhotog/ SS; **CHAPTER THREE:** 66-67, Daniel Heuclin/Biosphoto; 67, Stellar Photography/SS; 68, Dalia & Giedrius/Adobe Stock; 69 (UP), Vivek Venkataraman/NGIC; 69 (LO), Will Burrard-Lucas/NPL; 74-75, Marco Pozzi/Moment RF/Getty Images; 74 (UP LE), Samantha Reinders; 74 (LO), Chris Taylor Photo/SS; 75 (UP LE), Adrian Kaye/SS; 75 (UP RT), Andrea Izzotti/SS; 75 (CTR LE), Michael Utech/iStockPhoto/Getty Images; 75 (CTR RT), Mark MacEwen/NPL; 75 (LO LE), wil-dacad/iStockphoto/Getty Images; 75 (LO CTR), Aberson/iStockphoto/Getty Images; 75 (LO RT), blickwinkel/ASP; 77 (UP LE), dwphotos/SS; 77 (UP RT), Bebedi Limited/iStockphoto/Getty Images; 77 (LO LE), Karine Aigner/NPL; 77 (LO RT), Trevorplatt/iStockphoto/Getty Images; 78, Bill Baston/FLPA/ Minden Pictures; 79 (LE), Jurgen and Christine Sohns/FLPA/Minden Pictures; 79 (RT), Anup Shah/NPL; **CHAPTER FOUR:** 87 (UP), Craig Packer; 88, Claire Spottiswoode; 88-89, Claire Spottiswoode; 89 (LE), Claire Spottiswoode; 89 (RT), Claire Spottiswoode; 93 (UP), Michel & Christine Denis-Huot/Biosphoto; 94, Gerry Ellis/Minden Pictures; 95 (UP), Design Pics Inc/NGIC; 96 (UP), Carlton Ward/NGIC; 96 (CTR), Xavier Glaudas/NGIC; 97 (UP), Anup Shah/NPL; 97 (LO), blickwinkel/ASP; 98, Mark Carwardine/NPL; 99 (UP), Will Burrard-Lucas/NPL; 99 (CTR LE), Mark Carwardine/NPL; 99 (CTR RT), Will Burrard-Lucas/ NPL; 99 (LO), Nick Garbutt/NPL; 102-103, Robert Harding Picture Library/NGIC; 103 (LE), Robert Harding Picture Library/NGIC; 103 (RT), Greg Lecoeur/ NGIC; **CHAPTER FIVE:** 110, imageBROKER RF/Getty Images; 111 (LO RT), PhotoSky/SS; 111 (UP), Vladimir Wrangel/Adobe Stock; 111 (LO LE), John Dambik/ ASP; 114 (A), Rui Matos/DR; 114 (B), Tyler Olson/SS; 114 (C), Ratthaphong Ekari/SS; 114 (D), Mathieu Laboureur/Biosphoto; 114 (E), Paul Vinten/ASP; 114 (F), Eric Isselee/SS; 115 (A), Golden Sikorka/SS; 115 (B), Karen Katrjyan/SS; 115 (C), photastic/SS; 115 (D), Robert Churchill/iStockPhoto; 115 (E), Tommy Alven/SS; 115 (F), Eric Isselee/DR; 115 (G), Cagan H. Sekercioglu/NGIC; 115 (H), Federico Crovetto/SS; 115 (I), Eric Isselee/SS; 115 (J), Smileus/DR; 116 (UP RT), Frans Lanting /NGIC; 116 (UP LE), Chris Mattison/FLPA/Minden Pictures; 116-117, Vincent Grafhorst/Minden Pictures; 117 (UP RT), Adobe Stock; 117 (LO), Michael Nichols/NGIC; 118, Jane Goodall/NGIC; 119 (UP), Robhainer/DR; 119 (LO), Kenneth Love/NGIC; 122, dmussman/Adobe Stock; 123 (LO), Suzi Eszterhas/NPL; 124-125, Cagan H. Sekercioglu /NGIC; 125 (UP), vkilikov/Adobe Stock; 125 (LO), Will Burrard-Lucas/NPL; **CHAPTER SIX:** 128-129, Catmando/SS; 130, Mauricio Anton/Science Source; 131 (UP RT), Universal Images Group North America LLC/DeAgostini/ASP; 131 (UP LE and LO LE), Mauricio Antón; 131 (LO RT), Heraldo Mussolini/Stocktrek Images/Getty Images; 132-133, Don Foley/NGIC; 133, Catmando/SS; 134, Franco Tempesta; 135 (UP), Daniel Eskridge/SS; 135 (CTR LE), Tom McHugh/Science Source; 135 (CTR RT), Michael Long/Science Source; 135 (LO), Mauricio Antón; 136 (UP LE), Michael Long/Science Source; 136 (UP RT), gualtiero boffi/SS; 136 (CTR), Daniel Eskridge/SS; 136 (LO), Digital Vision; 137 (UP LE), Four Oaks/SS; 137 (UP RT), Catmando/SS; 137 (CTR), Science History Images/ASP; 137 (CTR LE), GomezDavid/iStockPhoto; 137 (LO LE), The Natural History Museum/ASP; 137 (LO RT), Alexchered/DR; 138 (UP), Peter Vrabel/SS; 138 (LO), Martin Mecnarowsk/SS; 138 (CTR LE), Matt Propert; 138 (CTR RT), Universal Images Group North America LLC/DeAgostin/ASP; 139 (UP LE), Corey A. Ford/DR; 139 (UP RT), De Agostini Picture Library/Science Source; 139 (CTR), Sergey Krasovskiy/Science Source; 139 (LO), Mauricio Antón; 140, Dennis Donohue/Adobe Stock; 141 (UP), Daniel/Adobe Stock; 141 (LO), Joe Blossom/ASP; **CHAPTER SEVEN:** 144-145, Patrice Correia/ Biosphoto; 148-149, Robert Harding Picture Library/NGIC; 150-151, javarman/Adobe Stock; 150 (LE), ASP; 150 (RT), Mark Carwardine/NPL; 154-155, Frans Lanting/NGIC; 155, mgkuijpers/Adobe Stock; 158-159, Suzi Eszterhas/Minden Pictures; 160-161, ondrej prosicky/Adobe Stock; 162 (UP LE), Neil Bromhall/SS; 162 (UP RT), john michael evan/SS; 162 (LO LE), Mark Salter/ASP; 162 (LO RT), Jenna Lois Chamberlain/SS; 163 (UP LE), Jeffrey Van Daele/DR; 163 (UP RT), Terry Whittaker/NPL; 163 (CTR LE), Thomas Marent/Minden Pictures; 163 (CTR RT), Gerard Lacz/FLPA/Minden Pictures; 163 (LO LE), Christian Ziegler/ NGIC; 164-165, Ronan Donovan/NGIC; 164, Scott Walmsley/SS; 167, Proceedings of the Zoological Society of London 1898; 168-169, Andy Rouse/NPL; 169, Klein & Hubert/NPL; **CHAPTER EIGHT:** 177 (UP), Mark Carwardine/NPL; 177 (LO), Ariadne Van Zandbergen/ASP; 180-181, George Owoyesigire/NGIC; 181 (UP), sasimoto/SS; 181 (LO), Suzi Eszterhas/NPL; 182, Ryan M. Bolton/SS; 182-183, John Dickens ; 183 (LE), Randall Scott/NGIC; 183 (RT), Oliver Nsengimana/ Rwanda Wildlife Conservation Association; 184, Lori Epstein/NGP Staff; 185 (UP), Jason Doiy/iStockphoto/Getty Images; 185 (LO), Sejal Megill; Throughout: portrait of Dereck and Beverly Joubert, Michael Melford /NGIC; Throughout: grass background, Black Sheep Media/SS

自 1888 年起，美国国家地理学会在全球范围内资助超过 13,000 项科学研究、环境保护与探索计划。本书所获收益的一部分将用于支持学会的重要工作。

山东省版权局著作权合同登记号　图字：15-2021-121 号

图书在版编目 (CIP) 数据

非洲野生动物大追踪 / (美) 德雷克 · 朱伯特 , (美) 贝弗利 · 朱伯特著 ; 郭晓雯 , 康佳妮译 . — 青岛 : 青岛出版社 , 2024.4
ISBN 978-7-5736-1955-6

Ⅰ. ①非… Ⅱ. ①德… ②贝… ③郭… ④康… Ⅲ. ①野生动物—非洲—儿童读物 Ⅳ. ① Q958.13-49

中国国家版本馆 CIP 数据核字 (2024) 第 039491 号

FEIZHOU YESHENG DONGWU DAZHUIZONG
书　　名 非洲野生动物大追踪
作　　者 [美] 德雷克 · 朱伯特　贝弗利 · 朱伯特
译　　者 郭晓雯　康佳妮
出版发行 青岛出版社
社　　址 青岛市崂山区海尔路 182 号
总 策 划 连建军　魏晓曦
责任编辑 吕　洁　邓　荃　窦　畅
文字编辑 江　冲　王　琰
美术编辑 孙恩加
顾　　问 吴海峰
邮购地址 青岛市崂山区海尔路 182 号出版大厦
少儿期刊分社邮购部（266061）
邮购电话 0532-68068719
制　　版 青岛新华出版照排有限公司
印　　刷 青岛海蓝印刷有限责任公司
出版日期 2024 年 4 月第1版
2024 年 4 月第1次印刷
开　　本 16开（889mm × 1194mm）
印　　张 11.75
字　　数 180千
图　　数 400幅
书　　号 ISBN 978-7-5736-1955-6
定　　价 128.00 元

本书建议陈列类别：少儿科普